매뉴얼에서도 볼 수 없는 자동차 이야기 2 - 진단 보수

내 차, 알고 타면 이익이다

원형민

초미

매뉴얼에서도 볼 수 없는 자동차 이야기 – 진단보수

내 차, 알고 타면 이익이다

처음 펴낸 날 | 2004년 8월 9일
여섯 번째 찍은 날 | 2012년 9월 15일

지은이 | 원형민

편집 | 조인숙, 박지웅
펴낸이 | 홍현숙
펴낸곳 | 도서출판 호미

등록 | 1997년 6월 13일(제1-1454호)

주소 | 서울시 마포구 연남동 239-44번지 1층
편집 | 02-332-5084
영업 | 02-322-1845
팩스 | 02-322-1846
이메일 | homipub@hanmail.net

디자인 | 끄레 어소시에이츠
필름 제판 | 문형사
인쇄 | 대정인쇄, 영프린팅
제본 | 성문제책

ISBN 89-88526-33-3 13550
값 | 9,500원

호미 생명을 섬깁니다. 마음밭을 일굽니다.

매뉴얼에서도 볼 수 없는 자동차 이야기 2 – 진단 보수

내 차, 알고 타면 이익이다

차례

5. 전기

6. 환기 장치

자동차의 성능은 현대 포니와 대우 로얄이 나오던 시절에 비해 크게 향상됐지만, 고장 발생이라는 면에서는 별로 나아진 것이 없다. 수동 스티어링이 파워 스티어링으로 진화하면서 예전에 없던 고장이 생기고, 엔진 제어에 컴퓨터가 사용되면서 컴퓨터 회로와 관련 센서 여기저기에서 고장이 일어남에 따라 자동차는 여전히 진단과 보수, 정비와 고장 수리를 필요로 한다. 자동차 회사들은 성능 향상에 힘쓰는 한편 정기 정비가 덜 필요한 차, 고장이 덜 나는 차를 만들기 위해 그 나름으로 애쓰고 있으나, 아직 자동차는 일상에서 쓰는 기계 가운데 퍽이나 고장이 잦은 물건으로 꼽힌다.

자동차 수리는 전문 기술을 요하는 분야다. 그러나 자동차를 사용하는 인구가 늘어난 만큼 자동차 정비에 관심을 가지는 사람도 늘어나는 추세다. 자가 진단과 보수 정비의 필요성을 느끼며 이 머리글을 읽어 내려가는 분들이 있으니까 이 책이 빛을 보게 된 것이고, 서점에서 독자들을 만나게 된 것이다.

이 책 「내 차, 알고 타면 이익이다」는 누구나 볼 수 있는 입문서보다 한 걸음 나아가 「내 차, 아는 만큼 잘 나간다」와 마찬가지로 자동차에 웬만큼 관심이 있는 분들이 재미 반, 공부 반이라는 느낌으로 볼 수 있도록 구성했다. 자동차에서 발생하는 갖가지 이상 증상을 진단하고 처리하는 방법을 알려 주는 책이되, 거기에 이르는 과정에서 배경 이론과 기계 장치의 동작 원리를 설명해 기억에 오래 남고, 나중에 더 높은 수준의 자동차 지식을 접할 때 쉽게 이해할 수 있도록 하는 데 주안점을 두었다. 운전 경험은 많지 않아도 차에 관심이 있는 분이라면 어렵지 않게 볼 수 있을 것이다. 특히 평소에 차를 손보는 데 들이는 돈을 아끼고 싶은 분들은 쭉 훑어보다가 해당 부분만 체크해서 살펴도 책값은 너끈히 건질 것이다.

이 책을 읽고 운전자가 스스로 간단한 진단과 보수, 나아가 고장 수리를 한다고 해서 프로 정비사가 할 일이 없어지거나 하는 것은 아니다. 큰 수리 중에는 몸소 하면 하루 종일 걸릴 것을 특수 공구와 전문 지식, 많은 경험을 갖춘 정비사의 솜씨로는 한두 시간 안에 수월하고 안전하게 고치는 경우도 있다. 운전자로서는 어느 정도까지가 손수 할 만한 일이고, 어느 정도부터 정비사에게 맡기는 것이 좋을지 분간하는 능력을 키워야 한다. 따라서 책 사이사이에 이런 설명을 넣는 것도 잊지 않았다.

정비소에 가서라도 차가 어떻게 이상한지 제대로 설명해 주면 정비사는 고장 원인을 더 빨리, 정확하게 집어 낼 수 있다. 이 책은 자동차에서 흔히 나타나는 고장 증상을 구체적으로 묘사하고 어떻게 그런 증상이 발생하는지 기계 원리에 대한 지식을 제공함으로써, 운전자가 정비사에게 차의 어느 부분에 이상이 생겼으며 어떤 상황에서 고장 증상이 재현되곤 하는지 설명할 수 있도록 해 준다.

이 책은 내가 14년 동안 자동차를 닦고 고치며 겪은 실패와 성공, 인터넷 자동차 동호회에서 글을 읽거나 쓰다가 접한 다른 사람들의 경험, 그리고 도서관에서 빌리거나 시중에서 사 모은 전문 서적에서 챙긴 내용들을 즐거운 마음으로 정리해 묶은 것이다.

이 책을 기획한, 좀 엉뚱하다고 할 수밖에 없는 호미 출판사에 고마운 마음을 전한다. 자동차 책은 소수 전문가들을 위한 것으로 여겨지기 일쑤라서 그 동안 크게 알려진 적도 없고, 많이 팔린 적도 없다. 그런데 호미 출판사에서 쾌히 내 원고를 받아 깔끔하게 책으로 펴내고 마케팅에 공을 들여, 앞서 내놓은 「내 차, 아는 만큼 잘 나간다」가 예상치 못한 호응을 받은 것이다.

이런 작은 성공이 계기가 돼서 앞으로 여러 가지 자동차 책이 우리 독자들에게 계속 소개된다면 나로서는 더할 나위 없이 기쁠 것이다. 어렵게 구한 외국 자동차 책을 읽느라 영어나 일본어와 씨름할 필요 없이 우리말로 된 책에서 알찬 지식을 얻을 수 있다면 얼마나 흐뭇할까. 아무쪼록 이 책이 자동차에 관심이 있는 분들에게 얼마라도 도움이 되길 바란다.

2004년 7월
원형민

1

엔진과 연료 계통

자동차 엔진은 공회전부터 6,000rpm까지 폭넓은 회전수의 범위를 넘나들고 부하 상태도 시시각각 변한다. 그러면서도 소음과 이상 진동에 대한 진단과 평가는 엄격하고 엔진 회전수와 부하가 급변하는 악조건이라고 해도 엔진이 비정상으로 반응하는 것은 용납되지 않는다. 요즘 엔진은 전자 장치를 이용해서 고출력, 저공해를 동시에 만족시키고 있다. 그러나 다른 한편으로는 전자 부품이 많이 들어가면서 고장을 진단하기가 어려워지고 있다. 기계 부품은 겉만 보고도 부러졌는지 휘었는지 닳았는지 알 수 있지만, 전자 부품은 알맞은 측정기 없이는 제대로 동작하는지 고장났는지 알 수 없다.

01 | 시동 불량
배터리 방전이 가장 흔한 원인이다

운전자가 느낄 수 있는 엔진의 불량 증상은 시동이 걸리지 않는 것과 부조가 대표적이다. 부조란 엔진이 비정상적인 반응을 보이는 것을 통틀어 말한다. 공회전 때 부들부들 떤다든지, 가속하려고 액셀러레이터를 밟으면 오히려 시동이 꺼질 듯 힘이 없어지는 것이 모두 부조 현상이다. 시동 불량에는 크게 두 가지 경우가 있다. 시동 키를 '시동(START)' 위치로 돌렸는데 전혀 반응이 없거나 엔진이 힘없이 회전하기 때문에 시동이 걸리지 않는 경우와 시동 모터는 작동하는데 엔진 시동이 안 걸리는 경우가 있다. 이 두 가지는 문제에 대한 접근 방법이 다르다.

시동 키를 출발 위치로 돌려도 엔진에 아무 반응이 없거나, 엔진에서 "따르르르" 하고 철판이 떨리는 소리가 나거나, 회전은 하는데 힘없이 간신히 돌아가는 것은 시동 걸 때 엔진을 돌려 주는 시동 모터(기동 전동기)가 엔진을 시동하는 데 필요한 회전수까지 올릴 힘이 없기 때문이다.

반면에 엔진이 정상적으로 돌아가는데 시동만 걸리지 않는다면 시동 모터의 문제가 아니라 엔진 자체의 문제다.

엔진이 돌지 않거나 힘없이 돌아갈 때(시동 모터의 문제)

시동을 걸 때 엔진이 잘 움직이지 않는다면 가장 먼저 배터리의 전력이 소모되지 않았는지 확인해 봐야 한다. 시동 키를 'ON' 까지만 돌리고 파워 윈도나 앞유리 워셔를 작동시켜 본다. 파워 윈도와 앞유리 워셔가 힘없이 작동하거나 아예 작동하지 않는다면 배터리 전력이 다 떨어진 것이다. 시동을 걸 때 엔진이 돌긴 도는데 숨이 넘어갈 듯, 넘어갈 듯 힘없이 돌아가는 것도 배터리의 전력 부족에 따른 현상이다.

시동 키를 'START' 로 했는데 엔진이 돌지 않지만 다른 장치를 가동시켜 확인해 본 배터리 전력은 충분한 것 같다면 먼저 자동 변속기 선택 레버가 P와 N 이외의 위치로 와 있지는 않은지 확인한다. 자동 변속기는 안전을 위해 선택 레버가 P나 N 위치에 있을 때만 시동 키와 시동 모터 사이의 배선이 연결된다. 역시 안전을 위해 수동 변속기 차량 중에는 클러치 록 기능이 있어서 클러치를 밟아야만 시동 키와 시동 모터 사이의 배선이 연결되는 차도 있다.

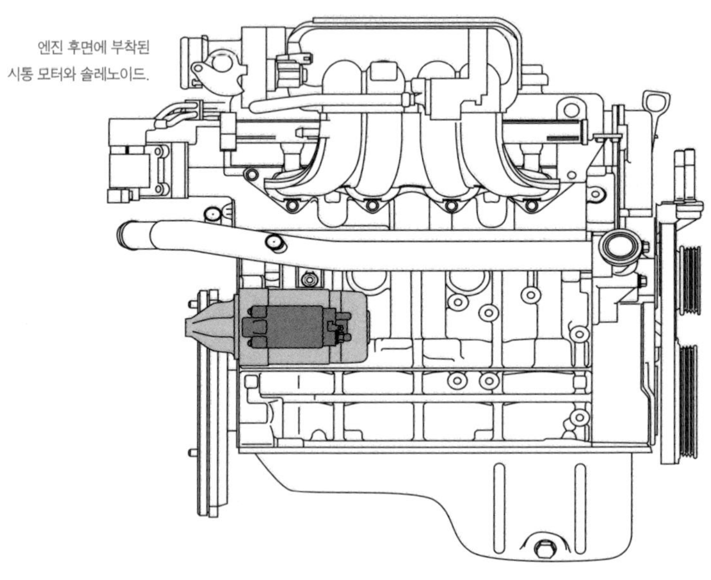

엔진 후면에 부착된 시동 모터와 솔레노이드.

자동 변속기 선택 레버와 수동 변속기 클러치도 정확하게 조작했는데 시동이 걸리지 않는다면 배선 고장이다. 가장 고장률이 높은 부분은 시동 모터 안에 있는 솔레노이드 스위치의 접점이다. 시동 모터에 장착된 솔레노이드(solenoid; 전자석 장치)는 시동 키가 START 위치에 있는 동안 작동해서 주스위치를 연결시켜 준다. 주스위치는 시동 모터를 돌리는 데에 필요한 최대 100A의 전류를 개폐하는 육중한 스위치다. 100A나 되는 엄청난 전류를 개폐하는 스위치(일반 가정의 배전반에 있는 큼지막한 주차단기의 용량도 30A에 불과하다)를 운전석 시동 키로 직접 돌리도록 해 놓으면 시동 키를 돌리는 데 큰 힘이 들 것이다. 그리고 100A나 되는 전류를 엔진에서 승객실로 멀리 끌고 갔다 오면 전선에서 발생하는 전력 손실도 상당할 수밖에 없다. 솔레노이드 스위치가 있기 때문에 운전자가 가볍게 시동 키를 START로 돌리는 것만으로 육중한 접점을 연결시킬 수 있는 셈이다.

솔레노이드 스위치의 주접점이 100A라는 전류가 발생하는 스파크로 손상되면 시동 키를 돌려 솔레노이드 스위치가 붙어도 시동 모터로 가는 전류가 제대로 흐르지 않기 때문에 시동 모터는 돌지 않는다. 이 경우에 여러 번 재시도해 보면 시동이 걸리는 수가 있다.

그 다음으로는 배터리에서 시동 모터로 들어가는 100A 용량의 굵은 배선이 시동 모터에 꽉 죄어져 있지 않아서 시동이 안 걸리는 경우가 많다. 엔진의 진동으로 인해 배선 연결이 느슨해지면 상황에 따라 접촉 불량이 생겨서 시동 모터를 돌릴 만한 전류가 흐르지 못하게 된다.

시동 키를 돌렸을 때 시동은 걸리지 않고 엔진에서 철판을 튀기는 "따르르르" 소리가 나는 것은 배터리가 약하기 때문이다. 솔레노이드 스위차를 작동시킬 정도의 전력은 간신히 공급할 수 있지만 막상 스위치 접점이 연결되어 100A라는 전류를 요구했을 때, 전력이 소진된 배터리가 전류를 공급하지 못하면 전압이 뚝 떨어진다. 시동 모터가 돌지 않는 것은 물론이고 솔레노이드 스위치를 붙여 놓을 만큼의 전압도 유지하지 못하므로 아까 붙었던 솔레노이드 스위치는 툭 떨어진다. 스위치가 떨어지므로 배터리는 100A라는 과중한 부하에서 벗어나

시동이 걸리지 않는 것은 배터리 방전이 원인일 때가 대부분이다. 미등이나 실내등을 켜 놓은 채 주차시킨 탓에 밤새 전기가 소모되어서 그런 곤욕을 치르는 경우를 흔히 본다.

게 되고 전압이 회복된다.

시동 키가 계속 START로 돌아가 있으므로 전압이 회복되면 곧바로 솔레노이드 스위치는 다시 붙고, 배터리는 과중한 부하를 못 견디고 전압을 떨어뜨리는 과정을 되풀이한다. 이렇게 솔레노이드 스위치가 붙었다 떨어졌다 하는 것이 고속으로 되풀이되면서 "따르르르" 소리를 낸다. 이 경우에도 배터리의 전력을 회복시켜 주기만 하면 문제는 해결된다.

배터리 전력이 소모되는 것을 방전放電된다고 한다. 배터리가 방전되는 것은 주행 중 발전기가 고장나서 발전기가 공급해야 할 전력을 배티리에서 빼 가며 써서 그런 경우도 있지만, 미등이나 실내등을 켜 놓은 채 주차시켜서 밤새 전기가 소모된 경우가 가장 흔하다. 배터리가 방전되었으면 다른 차와 점퍼선을 연결해서 그 차 배터리의 전력으로 시동 모터를 돌려서 시동을 걸어야 한다.

엔진은 돌지만 시동이 걸리지 않을 때

이럴 때에는 시동 모터 쪽은 제대로 일을 하고 있지만 엔진 자체에 문제가 있는 것이다. 먼저, 연료는 충분히 있는지 확인한다. 연료 탱크가 텅 비지는 않았더라도 연료가 부족한 상태라면 시동이 걸리지 않을 수 있다. 특히 내리막에 주차해 놓은 경우 이 현상에 주의해야 한다. 자동차 연료 탱크 속의 연료는 내부 격실 사이를 좁은 구멍을 통해 천천히 흐른다. 내리막에 주차할 때까지는 뒷부분 격실에 연료가 어느 정도 있다고 하더라도 주차하고 나면 이윽고 뒷부분 격실의 연료가 앞쪽으로 흘러내려서 연료 흡입구가 있는 뒤쪽은 텅 비게 된다.

연료가 앞으로 몰린 것이 문제라면 차를 살살 굴려 평지까지 내려와서 3~4분쯤 기다리면 뒷부분에도 연료가 차오르므로 시동을 걸 수 있다. 시동이 걸리지 않은 차를 굴릴 때는 진공식 브레이크 부스터와 파워 스티어링이 동작하지 않으므로 브레이크와 스티어링 휠을 평소보다 다섯 배 정도 힘차게 밟고, 돌려야 한다. 브레이크 페달 밑에 각목을 괴어 놓고 밟는 기분이지만, 세차게 밟아 주면 차는 멈출 수 있다.

아침에 처음 출발할 때(엔진이 열을 받지 않았을 때)만 시동이 어렵게 걸리고 일단 열을 받은 뒤에는 원활하게 시동이 걸린다면 엔진의 수온 센서가 고장난 것이다. 엔진은 차가울수록 가솔린의 증발이 어려워져서 시동이 잘 걸리지 않는다. 이것을 극복하기 위해 엔진에는 냉각수 온도를 측정하는 수온 센서가 달려 있다. 수온 센서에 닿는 냉각수가 차가우면 연료 분사 장치가 가솔린을 더 많이 분사해서 시동을 원활하게 만들어 준다. 수온 센서는 냉각수와 접해 있기 때문에 수온 센서 장착 부분 둘레에서 냉각수가 조금씩 새서 센서 커넥터를 부식시키는 경우가 있다.

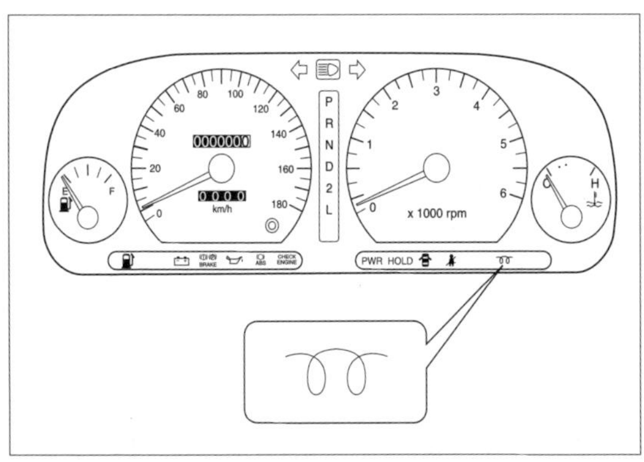

계기판에 표시되는 예열 플러그의 예열 상태. 엔진 스위치를 ON으로 하면 예열 경고등이 켜지고 예열을 완료하면 꺼진다. 시동 걸기 전에 시동 키를 ON 위치에 놓고 예열 플러그를 충분히 가열시켜야 시동성이 좋아진다.

소형 디젤 엔진에는 엔진이 식었을 때 시동 걸기 쉽도록 해 주는 예열 플러그가 있다. 전기 스파크를 일으키는 가솔린 엔진의 점화 플러그와 달리 이 예열 플러그는 소형 전열기로 작용해서 시동 걸기 전에 연소실을 예열함으로써 디젤 엔진의 시동성을 향상시킨다. 예열 플러그가 있는 엔진은 계기판에 돼지 꼬리 모양의 황색 경고등이 들어와 예열 플러그 작동을 알려 준다. 겨울에는 시동 키를 ON까지만 돌린 뒤 10초 이상 기다려 계기판의 예열 플러그 경고등이 꺼진 다음 시동 키를 START로 돌려 시동을 걸어야 시동이 쉽다.

예열 플러그는 오래 사용하면 속의 전열선이 끊어진다. 각 기통마다 꽂혀 있는 예열 플러그 중에서 한 개쯤 끊어졌다고 시동이 안 걸리는 일은 드무나, 여러 개가 끊어지면 추운 날씨에는 시동이 거의 걸리지 않는다. 예열 플러그는 가솔린 엔진의 점화 플러그와 크기며 모양이 비슷하다.

시동 걸 때 액셀러레이터를 좀 밟아 줘야만 엔진이 털털거리며 불안정하게 시동이 걸린다면 흡입 공기의 양을 계측하는 센서에 문제가 있는 경우가 많다. 기아자동차에서 하던 가동 베인(vane ; 날개)식 흡기량 센서는 공회전 때 베인이 위치하는 부분의 센서 가변 저항이 닳아서 접촉 불량을 일으키는 경우가 있다. 이럴 때에는 센서 전체를 바꿀 수밖에 없는데, 센서 가격이 30만 원 정도로 꽤 비싸다. 흡입 공기의 압력을 계측해서 연료 분사량을 결정하는 MAP(Manifold Absolute Pressure) 센서 방식에서는 MAP 센서에 문제가 있으면 필요량보다 훨씬 많은 연료를 분사하도록 ECU(Electronic Control Unit)에 지시하기 때문에 시동이 걸린다 해도 푸들푸들하다가 꺼지는 경우도 있다. 센서가 정상이더라도 배선의 커넥터가 부식되어 접촉 불량을 일으키거나 ECU의 센서 입력 회로가 고장난 경우도 있기 때문에 "이 증상에는 이 부품을 교체하면 된다"는 식으로 단정지을 수 없다.

시동이 잘 걸리지 않는다고 시동 키를 START 위치에 놓고 20~30초씩 시동 모터를 돌리면 시동 모터가 과열돼 타 버린다. 시동 모터는 짧은 시간(10초 이내) 동안 사용하는 것이므로 크기에 비해 무리하게 큰 동력을 일으키도록 되어 있다. 큰 동력을 일으켜서 잠시 온도가 높아지더라도 엔진 시동만 걸리면 계속 쉴 수 있어서 온도를 낮추기 위한 냉각 장치도 따로 없다. 이런 시동 모터를 20초 이상 작동시키면 내부 온도가 계속 올라가 절연체 플라스틱이 탄다.

그러므로 시동이 잘 걸리지 않으면 10초 이내로 시동 모터를 돌려 보고, 30초에서 1분 동안 모터를 식힌 뒤에 다시 시도한다. 세 번 시도해 봐서 시동이 안 걸리면 엔진의 근본적인 문제를 해결한 다음 시동을 걸어 본다. 액션 영화에서 자주 보듯이, 급박한 순간에 시동이 잘 걸리지 않다가 위험이 코앞에 닥쳤을 때에 딱 맞춰 "부르릉" 시동이 걸리는 일은 실제 상황에서는 없다. 시동이 걸리지 않는 엔진은 무슨 문제가 있는 것이고, 그 문제를 해결하기 전까지는 시동이 걸리지 않는다.

시동이 걸린 뒤에도 시동 키를 계속 START 위치에 놓고 있으면 모터가 손상될까? 그건 아니다. 시동이 걸리면 시동 키가 START 위치에 있어도 시동 모터와 엔진은 분리된다. 따라서 시동이 충분히 걸리도록 2~3초쯤 시동 키를 START 위치에 놓고 있는 것은 좋은 습관이다. 괜히 START 위치에서 일찍 떼어 놓아 시동이 걸리다가 마는 것보다 낫다.

반면에 이미 시동이 걸려 엔진이 잘 돌아가고 있는 상태에서 시동 키를 다시 출발 위치로 돌리면 시동 모터의 톱니바퀴를 망가뜨릴 우려가 있다. 엔진이 빠른 속도로 돌아가다 보면 시동 모터 톱니바퀴가 엔진 톱니바퀴에 제대로 맞물릴 겨를이 없기 때문에 양 톱니바퀴가 헛돌면서 "드르륵" 소리가 난다. 다행히 한두 번 이런 실수를 한다고 해서 못 쓰게 될 만큼 시동 모터는 약하지 않다.

02 | 시동 걸 때의 쇳소리
고무 벨트 미끄러지는 소리는 금속 마찰음과 비슷하다

시동 걸 때 엔진에 엔진 오일이 조금도 없는 것처럼 엄청난 쇳소리가 나는 차가 있다. 이 쇳소리는 시동이 걸리고 나서 10초쯤 있으면 사라진다.

이 소리는 실제 엔진에 오일이 없어서 나는 소리가 아니다. 엔진에 오일이 없으면 아예 시동이 걸리지 않는다. 이 소리는 엔진에 걸려 있는 고무 벨트가 미끄러지며 내는 마찰음이다. 엔진에는 한 개에서 세 개의 고무 벨트가 걸려 있다. 누비라, 레간자, 그랜저 XG처럼 벨트 하나로 발전기, 냉각수 펌프, 에어컨 압축기, 파워 스티어링 펌프를 모두 구동하는 차가 있는가 하면, 별도의 벨트를 사용하는 차도 있다.

고무 벨트를 걸어 놓은 장력張力(tension)이 부족하면 엔진 시동이 걸렸을 때 고무 벨트가 헛돌면서 소리를 낸다. 웬만큼 헛돌고 나면 마찰열로 고무가 뜨거워지면서 말랑말랑해지기 때문에 더 미끄러지지 않고, 소리도 사라진다. 이와 관련해 벨트의 장력을 어느 정도로 맞춰 줘야 좋은지는 해당 자동차의 사용 설명서에 나와 있는데, 일반적으로 고무 벨트 장력은 풀리 사이에 걸쳐진 벨트를 엄지손가락으로 힘껏 눌렀을 때 1cm쯤 내려가면 정상이다. 물론 측정은 엔진이 멈췄을 때 해야 한다.

장력 조절 방법을 보면 소형 고압 가스 실린더나 스프링을 이용해서 자동으로 벨트 풀리를 당겨 주는 차종도 있고, 발전기의 위치를 이동시켜 조절하는 차종도 있다. 자동으로 당겨 주는 차종이 편하고 벨트 소음도 덜하다. 장력이 너무 작으면 벨트가 헛돌기 때문에 미끄러지면서 소음이 생기고, 벨트에 걸려 돌아가는 장치들이 동력을 충분히 받지 못해 발전량이 부족하다든지 파워 스티어링이 힘을 제대로 발휘하지 못하는 문제가 발생한다.

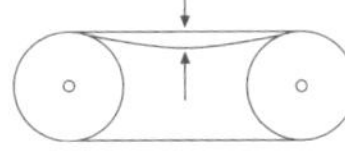

벨트 장력은 엄지손가락으로 힘껏 눌렀을 때 1cm쯤 내려가면 정상이다.

반면 장력이 너무 크면 벨트를 걸어 주는 각 장치의 회전부 베어링에 엄청난 힘이 걸린다. 과부하로 인해 베어링이 손상되면 엔진 회전 때 "그르륵" 하고 작은 탱크가 굴러가는 소리가 난다. 특히 카 센터 중에는 고객이 "시동 걸면 처음에 벨트 미끄러지는 소리가 나는데요"라고 말하면 다짜고짜 벨트 장력을 엄청나게 높여서 절대 안 미끄러지도록 해 주는 곳도 있다. 그러면 벨트 미끄러지는 소음이야 없어지겠지만 1~2년 뒤에 베어링이 망가지면 그 때에 가서 책임을 묻기도 곤란하다.

벨트 장력이 정상인데도 벨트 미끄러지는 소음이 나면 벨트 자체가 문제다. 마찰면이 지나치게 닳아서 매끈매끈해진 것이다. 미끄러지는 벨트에 뿌려서 소음을 없애 주는 벨트 드레서(belt dresser)라는 스프레이 제품이 있지만 효과를 확신할 수 없고, 영구적인 대책은 아니다. 아예 품질 좋은 새 벨트로 바꿔 주는 것이 최선의 방법이다.

에어컨이나 파워 스티어링 벨트처럼 평소에는 별로 힘을 받지 않다가 장치가 사용될 때만 힘을 전달하는 벨트는 작동할 때에만 미끄러지기도 한다. 에어컨을 켜면 엔진 룸에서 "끼이이" 하는 소리가 잠시 나는 것은 에어컨 압축기가 돌아가려고 할 때에 에어컨 벨트가 미끄러지는 소리다. 이처럼 특정 장치를 작동시켰을 때에 해당 장치에 연결된 벨트에서 곧바로 이상 증상이 나타나면 어떤 벨트를 교체해야 할지 진단하기가 쉽다.

엔진에 걸려 회전하는 여러 벨트는 그 중에 가장 중요한 타이밍 벨트를 교환할 때 함께 교환한다. 타이밍 벨트의 교환 주기는 차종에 따라 조금 차이는 있지만 80,000km정도다. 타이밍 벨트를 교환하려면 어차피 그 앞에 걸려 있는 벨트들을 다 풀어야 하므로 그 때 팬 벨트, 에어컨 벨트, 파워 스티어링 벨트도 함께 새 것으로 바꾸면 한 번의 작업으로 해결할 수 있다.

시동을 걸 때 쇳소리가 나는 것은 엔진 벨트 장력이 너무 세거나 약해서이므로, 적정한 세기로 조절해 준다. 더러 벨트 자체의 마찰면이 많이 닳아서 그럴 수도 있는데, 이 경우에는 벨트를 교체하는 것이 낫다.

03 | 배기 가스
배기 가스를 보면 엔진의 연소 상태를 알 수 있다

엔진에서 나오는 배기 가스는 연료(탄화수소)의 연소 생성물인 수분과 이산화탄소 외에 여러 가지 유해 성분을 포함하고 있다(선진국에서는 이산화탄소도 규제하려 하고 있다). 배기 가스에 포함된 유해 성분 중 주요한 세 가지는 탄화수소(HC)와 일산화탄소(CO), 질소산화물(NOx)인데, 이것들은 규제 대상이다. 연료 또는 엔진 오일이 불완전 연소되어 나오는 탄화수소 성분은 스모그를 발생시킨다. 연료가 이산화탄소로 완전 연소되지 못하는 바람에 방출되는 일산화탄소는 사람이 소량만 흡입해도 혈액의 산소 공급 능력을 떨어뜨려 머리가 띵해지고 심하면 죽기도 한다. 예전에 많이 있던 연탄 가스 중독이 바로 일산화탄소에 의한 중독이다. 질소산화물은 공기의 75%를 차지하는 질소가 엔진에 들어갔다 나오는 과정에서 변질해 생성되는 것이다. 자동차가 순수한 산소만 흡입하며 주행한다면 질소산화물은 나오지 않을 것이다. 공기 중에는 산소보다 질소가 훨씬 많이 함유되어 있다. 질소 자체는 무해한 물질이지만 엔진 연소실에서 고온으로 달궈지면 질소가 산소와 결합해서 유해한 질소산화물이 되고, 이것은 사람의 눈과 점막을 자극한다.

이 밖에 배기 가스 규제 대상에 포함되지는 않지만 이산화황(SO_2)도 유해하다. 이산화황은 구름 속에서 수분에 녹아 황산을 만들어 산성비를 내리게 하는 주범이다.

디젤 엔진에서는 검정색 매연도 규제 대상이다. 디젤 엔진은 작동 특성상 액체 상태의 연료를 연소시키는데, 액체 방울이 미세하지 않으면 덜 연소된 탄소 입자가 남는다. 매연에는 탄소만이 아니라 발암 물질로 알려진 여러 가지 유해한 탄화수소가 섞여 있다.

HC, CO, NOx

탄화수소(HC), 일산화탄소(CO), 질소산화물(NOx)은 배기 가스 검사에서 측정하는 항목이다. 다행히 디젤 엔진은 이 세 가지 유해 물질의 방출량이 가솔린 엔진보다 적다. 그래서 디젤 엔진이 공해를 덜 낸다는 이야기도 나온다. 하지만 검정색 매연 방출을 고려한다면 디젤 엔진도 공해에서 차지하는 몫이 만만치 않다.

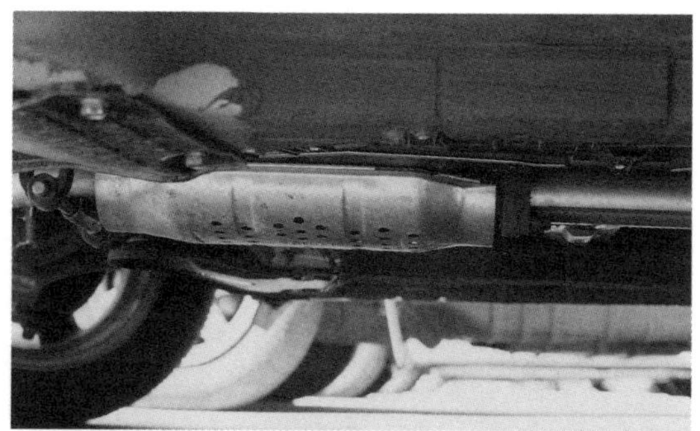

차 바닥에 달린
배기 가스 정화 촉매 장치.
금속제 통 속에
벌집 모양의 세라믹
촉매가 들어 있다.

가솔린 엔진에는 배기 가스 정화 촉매 장치가 탄화수소와 일산화탄소를 산화 분해시키고, 질소산화물은 환원 분해시킴으로써 유해한 성분을 무해한 것으로 바꿔 놓는다. 촉매는 자신은 소모되지 않으면서 다른 물질의 화학 변화를 촉진시키는 물질이다. 배기 가스 정화 촉매로는 미세한 벌집 모양의 스테인레스나 세라믹 구조물의 표면에 백금, 로듐, 팔라듐을 원자 수준의 두께로 얇게 입힌 것을 쓴다. 배기 가스 정화 촉매는 스테인레스 깡통에 넣어 차 바닥 쪽에 머플러처럼 다는데, 운행 중 도로상의 돌출물 등에 부딪치면 내부의 세라믹 촉매가 깨지기도 한다. 그렇게 되면 벌집 구조고 뭐고 없이 깨진 조각들이 그냥 통로를 막아 버리기 때문에 엔진 출력이 크게 줄어들고 연비가 떨어진다. 또 배기 가스가 깨진 촉매 옆 틈새로 우회해서 지나가기 때문에 정화 효율이 형편 없이 떨어진다.

배기 가스 정화 촉매의 정화 효율을 최고로 유지하기 위해서 엔진은 배기 가스 중의 잔존 산소량을 일정하게 유지한다. 잔존 산소량을 측정하는 것은 배기관에 꽂혀 있는 산소 센서의 역할이다. 산소 센서가 고장나면 엔진은 프로그램에 따라 잔존 산소량이 대충 맞도록 연료 분사량을 제어하지만, 그래도 정화 촉매의 효율은 최고치보다 떨어진다.

LPG 엔진 또한 가솔린 엔진과 같은 종류의 유해 배기 가스를 발생시키므로 똑같은 촉매를 사용한다. LPG 엔진도 산소 센서가 읽어 내는 잔존 산소량에 따라 LPG 주입률을 변화시키는 피드백 믹서(FBM) 기능으로 배기 가스 정화 촉매의 효율을 최고로 유지한다.

매연

디젤 엔진에서 매연이 많이 나오는 경우를 보면, 대부분 연료 분사 노즐이 부분적으로 막혀서 연료가 연소실로 고르게 분사되지 않아서 그렇다. 고르게 분사되지 않고 뭉쳐서 큰 방울로 분사되는 연료는 완전 연소되지 못하고 탄소 입자(검댕)로 배기 가스에 섞인다.

출력을 향상시키기 위해 연료 분사 펌프(일명 ‘부란자’)의 최대 연료 분사량 제한 나사를 임의로 풀어서 엔진이 소화할 수 있는 것 이상으로 분사량을 설정하면, 출력은 조금 증가하지만 매연이 엄청나게 나온다. 그래서 연료 분사 펌프를 임의로 조정하는 것은 법으로 금지되어 있는데도, 버스와 트럭은 어떤 방법인지는 모르겠지만, 여전히 손을 대고 있는 것 같다.

출력을 향상시켜 주는 터보차저(turbocharger; 가스 터빈 구동식 과급기—배기 가스의 잔여 에너지로 흡입 공기를 압축하는 장치)가 장착된 디젤 엔진에서는 터보차저가 작동하는 것에 맞춰 최대 연료 분사량이 설정되어 있기 때문에 엔진을 급가속시켰을 때 터보차저가 회전수를 올릴 때까지 걸리는 아주 짧은 시간 동안(터보 래그)에 실제 공기 흡입량 증가가 크지 않은 데 반해, 연료는 터보차저의 작동에 맞춰 다량 분사되므로 매연이 나온다. 터보 래그(0.5초쯤)가 지나면 터보차저에 의해 다량의 공기가 흡입되므로 연료와 공기의 비율이 맞아서 매연은 사라진다. 기아의 카니발은 처음 출고되었을 때 이 증상이 심해서 리콜을 한 적이 있다.

비정상적인 배기 가스

검정이 아니라 청색 배기 가스나 흰색 배기 가스가 나오는 경우가 있다. 청색은 엔진 오일이 다량 연소되고 있다는 증거다. 4행정 엔진(주로 승용차에 사용)용 엔진 오일은 연소성이 나쁘기 때문에 연소실로 엔진 오일이 다량 유입되면 파란 연기가 나고 배기 가스 냄새도 매캐하다. 2행정 엔진(주로 스쿠터에 사용)에 4행정 엔진용 엔진 오일을 사용하면 파란색 매연을 뿜으며 달린다. 2행정 엔진을 위해서 깨끗이 연소되는 2행정 엔진용 엔진 오일이 따로 있지만, 주변에서 쉽게 구할 수 있는 4행정 엔진용 오일을 그냥 써서 매연이 나오는 것이다.

정상적인 엔진도 엔진 오일이 연소실로 조금 유입되는 것은 어쩔 수가 없다. 엔진 오일이 연소실로 유입되어 연소되면 엔진의 밑바닥 오일 팬에 저장된 오일의 양은 차츰 줄어든다. 줄어드는 양이 6개월에 0.5 l 이하이면 정상인데, 그보다 많으면 어떤 까닭으로 오일이 지나치게 많이 연소실로 새어드는 것이다. 엔진 오일 소모가 중간 정도면 오랜 공회전 뒤 출발할 때 청색 배기 가스가 10초쯤 나오지만, 심한 경우에는 계속 나오기도 한다. 이런 증상은 주행 거리 20만km를 바라보는 오래 된 차에서 나타날 때가 많다.

오일 연소에 가장 큰 영향을 미치는 곳은 흡기·배기 밸브 스템(stem: 고정 막대)의 둘레를 감싸고 있는 밸브 스템 실(seal)이다. 실은 고무로 만드는데, 기체나 액체가 새지 않도록 막아 주는 부품이다. 고무 재질인 밸브 스템 실(일명 '밸브 가이드 고무')은 엔진이 작동하면서 밸브가 왕복 운동을 할 때에 자연스레 닳는다. 따라서 오래 된 엔진은 스템 실의 마모 상태가 심해 밸브 스템을 통한 오일 누설을 제대로 막지 못한다.

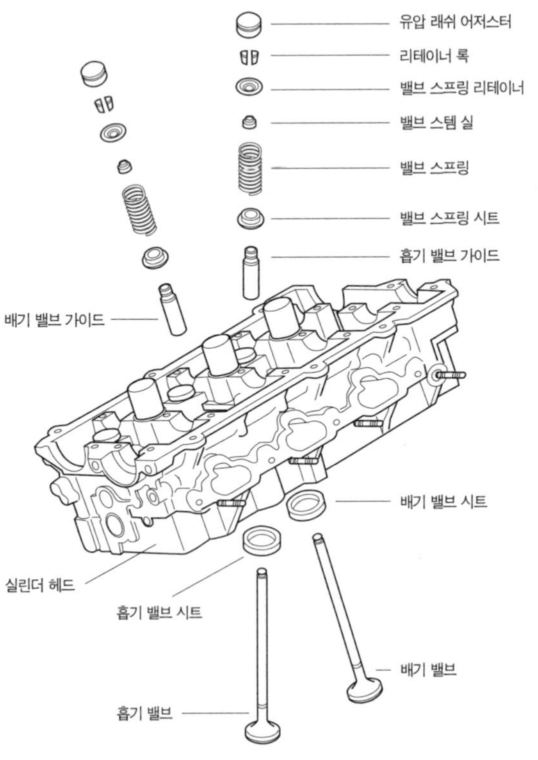

밸브 스템에 끼워지는 스템 실.

파란 배기 가스가 나오거나 오일이 빨리 소모된다고 하면 무조건 밸브 스템 실부터 교환하는 정비사도 있다. 물론 90%쯤은 그렇게 해서 완화가 된다. 하지만 나머지 10%는 밸브 스템 실이 아니라 피스톤 링이 마모되었거나 깨졌기 때문이다. 얼마 안 있어 고객이 다시 와서 별로 나아지지 않았다고 불평하면 그제야 피스톤 링을 교환하는 경우가 있다. 불필요하게 밸브 스템 실을 교환하느라 돈만 들인 셈이다.

피스톤이 실린더 내부에서 왕복 운동을 하려면 윤활유가 필요하다. 그런데 피스톤이 왕복 운동을 하는 데 이용하는, 실린더 벽면에 뿌려진 엔진 오일을 그대로 놔 두면 연소실에서 연소되어 버리므로 실린더 벽에 묻어 있는 과잉 엔진 오일은 아래로 긁어 내려야 한다. 이 역할을 피스톤 링이 한다(정확히 말하면 피스톤 링 세 개 중에서도 한 개의 오일 링이 한다).

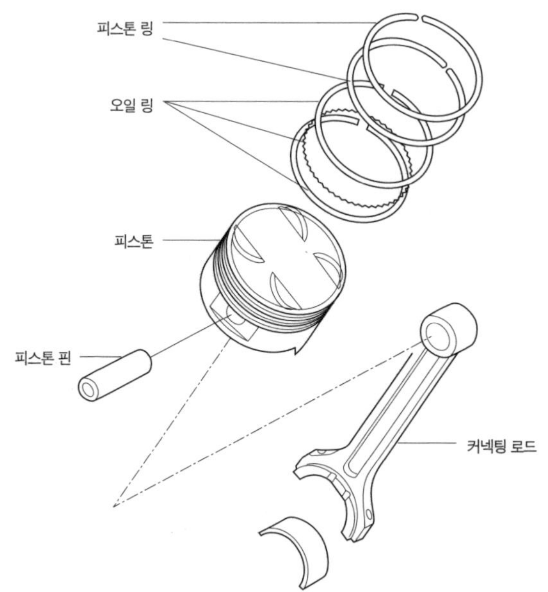

피스톤 링.
압축 링 두개와
오일 링 한 개로
구성된다.

피스톤 링은 오래 사용하면 마모되거나 탄력을 잃거나 부러진다. 피스톤 링이 손상되면 엔진 출력도 감소한다. 피스톤 링이 손상되었는지 판단하려면 실린더 압축력을 측정해야 한다. 점화 플러그를 뽑고 그 구멍에 전용 압력계를 연결한 뒤에 시동 모터로 엔진을 돌려 가며 실린더 내부 압력의 변화를 살핀다.

자동차를 앞으로 얼마 더 쓰지 않을 생각이라면 밸브 스템 실 교환이나 피스톤 링을 교환하는 데 돈을 들일지 생각해 봐야 한다. 밸브 스템 실이나 피스톤 링의 성능이 떨어지면 오일이 좀 많이 소모되기는 하지만 차를 계속 운행하는 데는 문제가 없다. 얼마 안 있어 폐차할 차라면 굳이 30만 원 가량의 돈을 들일 필요가 없다. 트렁크에 엔진 오일을 한 통 가지고 있다가 그때 그때 보충해 가며 운행하면 된다. 하지만 연막 소독 하는 것처럼 파란 배기 가스가 심하게 배출된다면 반드시 수리나 폐차를 해야 한다. 파란 배기 가스는 미연소 엔진 오일을 다량 함유하고 있어서 HC(탄화수소) 수치가 높게 나온다.

흰색 배기 가스는 연소실로 유입된 냉각수가 끓어서 나오는 수증기다. 정상적인 엔진도 추운 날에는 얼마쯤 수증기가 나온다. 연료가 산소와 타면서 수분이 생성되기 때문이다. 배기량이 큰 승용차는 워낙 수분이 많이 나와서 배기구 뒤로 물방울이 뚝뚝 떨어질 정도다. 하지만 날씨가 따뜻한데도 목욕탕 굴뚝에서 김 나오듯 흰색 배기 가스가 풀풀 난다면 고장을 의심해 봐야 한다. 이 때 배기 가스에서 달짝지근한 냄새가 나기도 하는데, 이것은 부동액 성분인 에틸렌 글리콜의 냄새다.

실린더 둘레에는 냉각수가 흐르는 워터 재킷이 있다. 워터 재킷은 엔진 뚜껑인 실린더 헤드까지 연결되어 있는데, 실린더 헤드와 실린더 블럭(엔진 본체) 사이에는 물이 다른 곳으로 새지 않도록 얇은 실린더 헤드 개스킷이 끼워져 있다. 이 실린더 헤드 개스킷이 새면 엔진 냉각수가 실린더 속으로 새어든다. 반대로 실린더의 연소 가스가 냉각수 쪽으로 섞여 들어가기도 한다. 심한 경우에는 엔진 룸의 냉각수 보조 탱크 마개를 열고 속의 냉각수를 들여다보면 새어 나온 연소 가스가 냉각수와 함께 순환하다가 거품처럼 보글보글 솟아오르는 것이 보이기도 한다. 이 정도까지는 아니더라도 연소 가스가 냉각수 쪽으로 샌다면 배기 가스 검사기로 냉각수 보조 탱크에 든 냉각수의 HC(탄화수소) 함량을 측정해 보았을 때 일반 공기 중에 있을 때보다 높게 나타난다.

실린더 헤드 개스킷이 손상되었다면 곧바로 교환해 주는 것이 좋다. 냉각수가 연소실 쪽으로 계속 들어와서 엔진 오일과 섞이면 엔진 오일의 윤활 성능이 크게 떨어진다(냉각수가 섞인 엔진 오일은 뽑아 보면 거무튀튀한 우유 비슷하다).

드문 경우지만 냉각수 온도에 따라 스로틀 보디(throttle body; 흡입 공기량을 제한해서 출력도 조절하며 공회전 rpm을 제어하는 장치)의 서모 밸브(thermo valve)를 여닫는 방식의 엔진은 서모 밸브 쪽으로도 냉각수가 순환되기 때문에 서모 밸브의 실이 새면 이쪽으로 흐르는 냉각수가 흡입 공기 통로를 따라 엔진 연소실 속으로 흘러들어간다. 이 때에도 흰색 배기 가스가 나오지만 냉각수 보조 탱크에서 HC 함량을 측정해 보면 정상으로 나온다. 연소 가스가 냉각수 쪽으로 침투하지는 않기 때문이다.

04 | 공회전 부조
스로틀 보디의 카본 퇴적이 가장 흔한 원인이다

공회전 rpm이 정상보다 낮아서 엔진 시동이 꺼질 것 같다든지 rpm은 정상인데 엔진이 심하게 떨리는 부조는 운전자들을 신경 쓰게 만든다. 이러한 공회전 부조는 디젤 엔진보다 가솔린 엔진에서 두드러지게 드러난다. 여기에는 여러 가지 원인이 있는데, 심지어 엔진 오일이 부족해서 엔진이 심하게 떠는 경우도 있으므로 다음 설명은 참고 정도로 삼는 것이 좋다.

엔진의 진동 | 에어컨 작동 때 rpm 저하

주행 중 신호 대기에 걸려 정차하면 엔진이 푸드득거리며 시동이 꺼진다든지, 자동 변속기에서 선택 레버를 D에 놓은 채 정차하면 예전에 비해 엔진 진동이 심하다든지, 에어컨을 작동시키면 공회전 rpm이 불안정하게 왔다갔다하는 현상은 주로 스로틀 보디에 카본이 퇴적돼서 일어난다. 그런데 자동 변속기 레버를 D에 놓고 정차했을 때 진동이 심한 것은 스로틀 보디의 카본도 원인이지만 엔진을 지탱하는 롤 스토퍼(roll stopper; 속칭 '미미')의 고무가 낡아서 끊어졌기 때문이기도 하다. 롤 스토퍼는 엔진 앞뒤로 두 개가 있는데, 소형차의 경우 개당 가격이 4천 원쯤 한다. 두 개 다 교환하려면 공임을 포함해서 2만 원쯤 든다. 대형차는 진동을 확실하게 흡수하기 위해 롤 스토퍼에 소형 쇼크 업소버(shock absorber; 완충 장치)가 부착되거나 롤 스토퍼 내부에 완충 액체가 들어가는 등 구조가 복잡하고 가격도 비싸다.

엔진의 스로틀 보디는 공회전 부조의 원인이 되는 경우가 아주 많다. 위치는 흔히 엔진 뒤쪽 위에 있고, 스로틀 보디에는 엔진으로 들어가는 공기를 공급하는 지름

5cm쯤의 주름진 검정 플라스틱 호스가 연결되어 있다. 터보차저 엔진은 엔진 밑에 장착된 터보차저에서 나오는 굵은 호스로 연결된다. 스로틀 보디는 흔히 알루미늄 합금으로 만드는데, 거기에 운전석의 액셀러레이터 페달에서 연결되는 스로틀 케이블이 걸려 있다. 스로틀 케이블은 검정 PVC 관으로 둘러싸여 있어서, 마치 자전거의 브레이크 케이블처럼 보인다.

스로틀 보디 속에는 스로틀 밸브가 있다. 스로틀 밸브는 액셀러레이터 페달의 움직임에 따라 열렸다 닫혔다 하면서 엔진으로 들어가는 공기량을 조절한다. 액셀러레이터 페달을 꽉 밟으면 스로틀 밸브가 활짝 열려 엔진은 원하는 만큼

공기를 흡입하고 최대 출력을 낼 수 있다. 스로틀 보디는 액셀러레이터 페달을 밟지 않아서 스로틀 밸브가 완전히 닫혔을 때도 소량의 공기를 통과시켜 엔진이 계속 공회전을 할 수 있도록 한다. 공회전에 필요한 공기량을 조절하는 계통은 매우 섬세해서, 카본이 퇴적되어 공기 통로의 넓이가 변하면 정밀하게 조정할 수 없으며 공회전 때 엔진 rpm이 오르락내리락하게 된다.

스로틀 보디의 카본은 20,000km 정도마다 청소해 주는 것이 좋다. 카본 청소용 스프레이 약품은 5천 원쯤 한다. '스로틀 보디 클리너'라는 이름으로 나와 있는 제품

롤 스토퍼.
엔진의 무게는 차량에 따라 세 곳 또는 네 곳의 엔진 마운트에서 지탱한다. 롤 스토퍼는 엔진 마운트 중에서 특히 엔진의 앞뒤 끄덕거림(roll)만 방지해 주는 역할을 한다. 엔진의 무게를 주로 지탱하는 나머지 두 개의 엔진 마운트는 변형량이 크지 않아 오래 써도 파손되는 경우가 드물다.

엔진의 출력을 조절하는 스로틀 밸브와 스로틀 보디. 공회전 rpm을 정확하고 미세하게 조절하기 위해 높은 정밀도로 제작되었다. 공기는 검정 플라스틱 흡기관(오른쪽)으로 들어와 스로틀 밸브에서 양이 조절된 뒤 서지 탱크(왼쪽)를 통해 엔진의 각 실린더로 배분된다.

은 거의 없고 대부분 '초크 클리너(choke cleaner)' 나 '카뷰레터 클리너(carburetor cleaner)' 라고 씌어 있다. "산소 센서에 무해한 제품(oxygen sensor safe)" 이라고 명시된 제품을 고르는 것이 좋다. 옛날에 나온 클리너 중에는 분사하면 배기 가스 산소 센서에 잔류 성분이 코팅되어 산소 센서가 제대로 동작하지 못하게 만드는 성분을 함유하고 있는 제품도 있다. 뿌리면 거품이 일어나 넓은 면적을 고르게 세척하는 거품식 클리너는 1만 원쯤으로 비싸지만 효과가 좋다.

카본 청소를 할 때는 엔진이 열을 받은 상태에서 시동을 끄고 스로틀 보디 입구에 끼워진 굵은 흡기 호스를 빼낸다. 흡기 호스는 둘레를 감싼 클램프(죔쇠)로 고정되어 있다. 흡기 호스에 곁가지로 끼워진 가는 호스가 있는 경우, 흡기 호스를 빼내는 데 방해가 된다면 이것도 뺀다. 흡기 호스의 다른 쪽 끝은 에어 필터 하우징에 끼워져 있는데, 흡기 호스를 뽑는 데 필요하다면 그쪽 클램프도 풀고 흡기 호스를 완전히 들어낸다. 엔진이 열을 받지 않으면 흡기 호스가 뻣뻣해서 빼내는 데 힘이 많이 든다.

이제 스로틀 보디 내부를 들여다보면 막혀 있는 것이 보인다. 스로틀 보디 옆에는 운전석 액셀러레이터 페달과 연결된 검정색 플라스틱 피복을 입힌 케이블이 걸려 있다. 피복 속의 케이블 심선이 걸려 있는 둥그런 부품

(스로틀 밸브 풀리)을 손으로 돌리면 스프링의 힘을 이기고 돌아간다. 풀리가 돌면 스로틀 보디 내부의 스로틀 밸브가 열리고 속이 보인다.

카 센터에 가면 시동을 걸어 놓고 엔진을 시험하는 도중에 정비 기사가 스로틀 보디에 있는 이 스로틀 밸브 풀리를 손으로 조금씩 돌리곤 한다. 이렇게 해서 운전석에 조수를 앉히지 않고도 스로틀 밸브를 원하는 대로 열 수 있다.

스로틀 보디 내부에는 미세한 카본 먼지가 묻어서 손가락으로 문질러 보면 까맣게 묻어 나오는데, 이 카본을 제거해 주면 공회전 부조를 줄일 수 있다.

카본을 세척하기 전에 스로틀 보디 입구 밑부분에 걸레를 두툼하게 끼워 준다. 세척제는 스로틀 보디 안쪽으로 뿌려지지만 밖으로 흘러나온 세척제는 일부 플라스틱을 녹일 수 있으므로, 주변의 전선 피복이나 호스를 녹이지 않도록 걸레를 괴어 두어야 한다. 걸레 대신 휴지를 끼워 두면 작업 중 엔진이 공기를 흡입하면서 너풀거리는 휴지 조각도 함께 빨려드는 사고가 발생한다. 무거운 걸레까지 빨려들어갈 정도로 흡입력이 강하지는 않다.

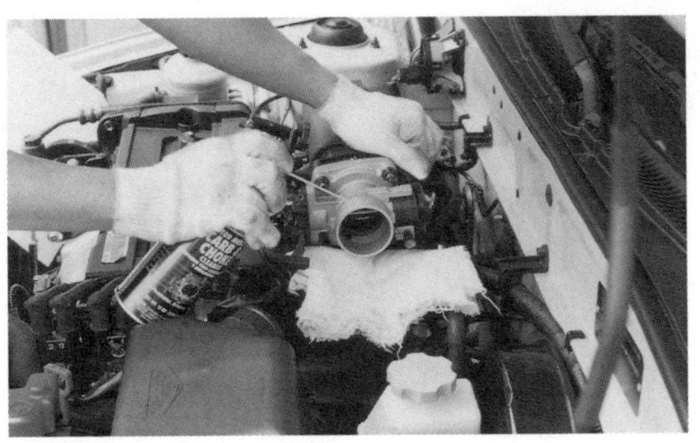

클리너 스프레이를 분사할 때는 딸려 있는 연장 대롱을 사용하면 편리하지만, 대롱이 빠져 스로틀 보디 속으로 빨려들어가는 일이 종종 있으므로, 대롱은 사용하지 않는 것이 좋다.

스로틀 밸브가 닫힌 상태에서 스로틀 보디 안쪽으로 스프레이 세척제를 뿌린다. 이 때 세척제 노즐에 대롱을 끼워 사용하면 편한데, 헐거워서 자꾸 빠진다면 아예 쓰지 않는 것이 좋다. 가끔 분사력 때문에 대롱이 빠지면서 스로틀 보디 너머 엔진 속으로 들어가는 수가 있기 때문이다. 그렇다고 해서 엔진이 고장나는 것은 아니지만 그런 일은 피하는 것이 좋다. 3M에서 나온 세척제에 부착된 철제 대롱은 빠지는 법이 없어 좋다.

스로틀 보디 내부로 세척제를 뿌리면 카본이 녹아 흘러내린다. 카본이 섞인 채 흘러나오는 더러운 세척제를 걸레로 닦아 내고 세척제를 다시 뿌려 준다. 스로틀 보디 옆의 스로틀 밸브 풀리를 돌려 스로틀 밸브를 열고 스로틀 밸브 뒤쪽과 그 안쪽으로도 세척제를 뿌려 준다.

스로틀 밸브 너머로 30초쯤 고르게 세척제를 분사한 뒤에 스로틀 보디 입구 호스가 빠져 있는 채로 엔진 시동을 건다. 시동이 잘 걸리지 않는다면 액셀러레이터 페달을 조금 밟은 채로 시동을 건다. 엔진 종류에 따라 스로틀 보디의 흡기 호스를 분리하면 시동이 잘 걸리지 않는 것이 있다. 푸득거리면서 시동이 걸리면 공회전이 안정될 때까지 액셀러레이터를 계속 조금 밟아 준다. 계기판에 체크 엔진(check engine)등이 들어오는 차도 있는데, 이것은 시동이 걸렸는데도 흡기량 센서를 통과해 흡입되는 공기가 전혀 없어서 생기는 현상으로, 흡기 호스를 뺀 데 따른 정상적인 결과다.

시동이 걸리면 시커먼 매연이 나오는데, 아까 스로틀 밸브 너머로 뿌려 넣은 세척제가 녹인 카본이 연소된 찌꺼기다. 스로틀 보디 내부를 자주 청소해서 엔진 내부가 깨끗하다면 매연이 거의 나오지 않는다. 시동이 걸린 상태에서 한 손으로는 스로틀 보디 옆의 스로틀 풀리를 잡고, 다른 손으로 스프레이 세척제를 서서히 스로틀 밸브로 뿌려 넣는다. 세척제가 들어가면 엔진 시동이 꺼지려고 하므로 레버를 좀 더 돌려서 시동을 유지하며 남은 세척제를 뿌린다.

세척제 한 통을 다 쓰고 나면 시동을 끄고, 흡기 호스를 장착한다. 흡기 호스를 뺄 때 곁가지로 꽂혀 있던 호스를 뽑았다면 마찬가지로 원래대로 끼워 준다. 다음에는 시동을 완전히 끈 상태로 엔진 룸에 있는 퓨즈 박스에서 ECI 또는 ECU라고 표시된 퓨즈를 뽑았다가 30초 뒤에 다시 꽂는다. 퓨즈를 빼는 것은 ECU(엔진 제어 컴퓨터)에 기억된 공회전 세팅을 완전히 지우고 새로 청소된 상태에 맞춰 학습하도록 만드는 것이다. 퓨즈를 뽑지 않으면 스로틀 보디 청소 뒤에 며칠 동안 엔진 공회전이 불안정하다가 차츰 청소된 상태에 적응한다. 퓨즈를 뽑아 주면 이 적응 과정이 몇 분 정도로 훨씬 짧아진다.

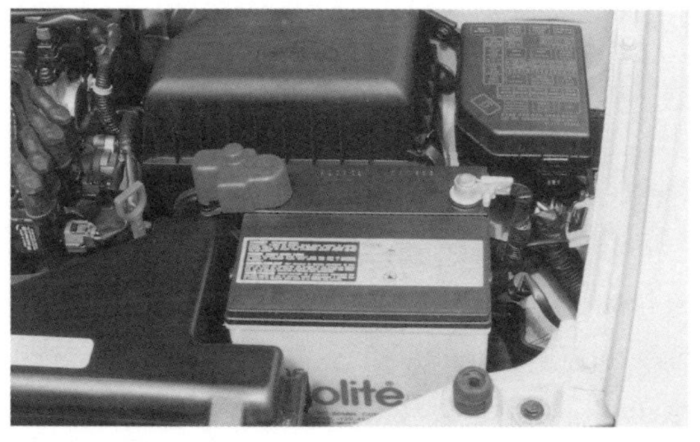

엔진 룸에 있는 퓨즈 박스. 어느 차나 배터리 바로 옆에 퓨즈 박스가 있다. 엔진 등 중요한 전기 장치의 퓨즈는 여기에 있다. 카 오디오, 계기판 조명 등 덜 중요한 전기 장치의 퓨즈는 실내 퓨즈 박스에 배치된다.

스로틀 보디의 카본을 청소하면 대부분의 공회전 부조를 바로잡을 수 있다. 연료 분사식 엔진이 처음 보급된 1990년대 초에는 공회전 부조로 카 센터를 찾으면 연료 인젝터(injector; 연료를 엔진 연소실로 분사하는 장치)를 청소했다. 연료 대신 세척제를 연료 호스에 연결해서 인젝터가 세척제를 분사하면서 인젝터 노즐 부위를 씻어 주었다. 그러면서 스로틀 보디 카본 청소도 함께 했다. 알고 보면 인젝터 청소는 필요 없었고, 서비스처럼 해 주는 스로틀 보디 청소만으로도 공회전 부조 문제는 해결되는 것이었다. 심지어 인젝터를 청소해서는 소용이 없다면서 인젝터를 모두 교환하라는 카 센터까지 있었다.

공회전 때 부조를 일으키면 스로틀 보디(12만 원쯤)를 새 것으로 교환해야 한다는 카 센터도 있다. 물론 새 스로틀 보디에는 카본이 전혀 없기 때문에 새로 설치하면 공회전 부조가 잡힌다. 하지만 스로틀 보디를 정말로 교환해야 하는 경우는 많지 않고, 카본 청소만으로 성능이 회복되는 경우가 더 많다. 스로틀 보디에 장착된 센서가 불량을 일으키기 때문에 정말로 스로틀 보디 전체를 교환해야 하는 경우도 있기는 하다. 센서만 따로 팔지는 않는다.

스로틀 보디의 카본을 청소하는 방법으로는 세척제 스프레이를 뿌리는 것 외에도 걸레나 면장갑에 WD-40 같은 세척, 방청 스프레이를 뿌려서 스로틀 보디 안쪽을 문질러 닦는 방법도 있다. 전용 세척제를 뿌리는 만큼의 효과는 없지만 안 하는 것보다는 낫다.

전반적인 공회전 rpm 부족 | 심한 진동

공회전 rpm이 500rpm 정도로 낮고 시동이 꺼질 듯 말 듯하며, 특히 진동이 심하다면 실린더 네 개 중에 한두 개가 제대로 힘을 발휘하지 못하고 있는 것이다. 4기통 엔진에서 실린더 한두 개가 동작하지 않아도 주행 중에는 출력이 부족하다는 것을 뚜렷하게 느끼지 못한다. 그러나 세 개 이상의 실린더가 고장나면 시동이 안 걸린다.

실린더가 제대로 동작하지 않는 원인 중에는 점화 계통의 고장이 큰 비중을 차지한다. 점화 플러그로 고압을 끌어 내는 고압 케이블의 전기 절연이 완벽하지 않으면 외부로 전기가 빠져 나가서 점화 플러그에서 발생하는 스파크가 약하게 튄다. 고압 케이블의 절연 피복은 오래 쓰다 보면 엔진 룸의 열기에 의해 경화되어 균열이 생기면서 절연성이 약해진다.

연소실에 장착된 흡기, 배기 밸브가 깨져도 해당 실린더가 정상적인 출력을 내지 못하므로 엔진의 연소 박자

공회전 때에 rpm이 낮고 진동이 심하면 실린더에 이상이 있다는 증거다. 실린더는 네 개 중에서 한두 개가 동작하지 않아도 평소에 이상을 느끼지 못한다. 그러나 세 개 이상 고장나면 차가 멎기 때문에, 공회전 rpm이 낮으면 실린더의 동작 여부를 점검해 볼 필요가 있다.

가 끊겨 공회전 때에 심한 진동이 발생한다.

각 실린더가 제대로 일을 하는지 확인하기 위해서 정비사가 사용하는 간단한 방법은 해당 실린더의 점화 플러그 케이블을 뽑아서 일부러 점화 작동을 막는 것이다. 작동을 끊었는데도 공회전 rpm에 아무런 변화가 없다면 그 실린더는 예전부터 작동을 안 하고 있었다는 뜻이다. 이 시험을 할 때는 고압 스파크에 의한 감전 위험이 있으므로 구멍난 곳이 없는 고무 장갑을 끼어야 한다.

DLI 방식 고압 코일에서 각 실린더의 점화 플러그로 연결되는 고압 케이블. 끝은 그냥 눌러 끼워져 있으므로 잡고 뽑으면 빠진다. 다시 끼워 넣을 때는 한 번 걸려 들어가는 느낌이 있을 때까지 꾹 누른다. 실제 전기가 통하는 케이블 심선은 구리가 아니라서 쉽게 끊어지므로 고압 케이블 자체를 당겨서는 절대 안 되고 끝부분 커넥터에만 힘을 준다.

다른 원인들

엔진의 흡기 다기관 압력을 측정해서 연료 분사량을 결정하는 MAP(Manifold Assoulte pressure; 다기관 압력) 센서가 불량하거나, 액셀러레이터의 급격한 움직임을 감지해서 일시적으로 다량의 연료를 분사하도록 지시하는 TPS(Throttle Position Sensor; 스로틀 위치 센서)가 불량이면 공회전 때에 필요한 양보다 많은 연료가 분사되어 불완전 연소를 일으킨다. 주행 중에는 워낙 연료가 많이 먹히므로 MAP 센서나 TPS의 불량으로 연료 분사량이 다소 많아지더라도 크게 지장이 없지만, 공회전 때는 연료량이 아주 적게 변해도 rpm이 크게 변하기 때문에 연료 분사량이 부적절한 것도 곧바로 공회전 부조로 나타난다.

엔진 자체에는 부조가 없는데 진동이 증가하는 경우도 있다. 엔진을 지탱하는 구조물인 센터 멤버가 휘어서 그런 현상이 일어날 때가 드물지 않다. 센터 멤버는 엔진 밑으로 지나는 굵직한 철제 구조물인데, 험한 길에서 돌부리가 차 바닥을 치면 센터 멤버가 휘기도 한다. 센터 멤버가 휘면 엔진 지지 구조가 변하여 엔진의 진동이 차체에 강하게 전달된다.

05 체크 엔진 경고등이 들어온다
ECU 관련 센서들의 비정상을 감시한다

자동차의 ECU(Engine Control Unit; 엔진 제어 컴퓨터)나 TCU(Transmission Control Unit; 변속 제어 컴퓨터)는 간단한 자기 진단 기능을 갖추고 있다. 또 ABS와 TCS(Traction Control System; 구동력 제어 시스템)용 컴퓨터는 물론이고 오토 에어컨 제어 장치에도 자기 진단 기능이 있다. 이 가운데 특히 ECU는 계기판에 자기 진단 결과를 출력하는 경고등을 두고 있다. '체크 엔진(Check Engine)'이라는 글자가 적혀 있거나 엔진 모양이 그려진 노란색 경고등이 그것이다.

체크 엔진 경고등은 시동을 걸 때에 3초쯤 들어왔다가 스스로 꺼진다. 만일 아예 켜지지 않았다면 ECU에 중대한 고장이 발생한 것이다. 만약 계기판의 전구만 끊어진 것이라면 다행이지만, 그래도 전구는 교체해 줘야 한다. ECU가 경고를 보내도, 전구가 끊어져 있으면 운전자는 이 장치의 고장을 모르고 1년이고 2년이고 타고 다닐 수 있기 때문이다.

주행 중 체크 엔진 경고등이 들어오는 것은 엔진 전자 제어 계통의 비정상적인 센서 입력이나 ECU의 지령에 대한 엔진의 비정상적인 반응을 ECU가 감지한 데 따른 것이다. 한편 ECU 내부 프로그램 오류나 부품 고장으로 ECU가 정상적인 프로그램을 더 진행할 수 없어도 체크 엔진 경고등이 켜진다. 대부분의 경우 체크 엔진 경고등이 들어와도 엔진은 불완전하게나마 계속 작동한다.

고장으로 센서 한 개쯤 제 역할을 못 해도 엔진은 계속 작동할 수 있다. 예를 들어 연료 분사량 결정에 중요한 역할을 하는 흡기량 센서가 고장나도 ECU는 엔진 rpm과 스로틀 밸브 개도開度(열린 정도)로부터 대강의 연료 분사량을 계산해서 흡기량 센서 입력을 대체한다. 그러

체크 엔진 경고등은 노란색으로, 시동을 걸 때 잠깐 들어왔다가 꺼지게 되어 있다. 시동 걸 때 아예 켜지지 않으면 ECU에 문제가 있는 것이다.

나 엔진이 계속 작동한다고 해서 이 상태로 오랫동안 다니는 것은 좋지 않다. 계속 운행하다 보면 연비와 출력이 떨어지는 것은 물론이고 나중에 스로틀 밸브 개도를 계측하는 TPS마저 고장나면 ECU는 별수없이 엔진을 세워야 한다.

ECU가 고장을 감지하는 방법은 단순하다. 센서로부터 입력되는 데이터 값이 터무니없는 범위에 있거나 서로 연관되는 센서의 입력값이 앞뒤가 맞지 않거나 엔진을 제어하기 위해 출력을 보냈는데 엔진이 말을 듣지 않을 때 ECU는 센서 또는 제어 장치에 고장이 발생한 것으로 판단한다. 예를 들어 수온 센서가 −60℃를 지시한다든지, 엔진 rpm은 공회전 범위인데, 흡기량 센서가 최대값을 나타낸다면 각각 센서가 고장이라고 받아들인다.

ECU가 고장을 감지하면 계기판의 체크 엔진 경고등을 점등시키면서 고장 코드를 ECU의 백업 메모리에 저장한다. 백업 메모리는 시동을 꺼도 기억 내용을 잃지 않는다. 백업 메모리에 저장된 고장 코드를 읽어 내면 ECU가 어떤 고장을 기록했는지 알 수 있다. 고장 코드를 읽을 때에는 스캐너라고 하는 휴대용 액정 화면 진단 장비를 널리 쓴다. 스캐너의 커넥터를 실내 퓨즈 박스에 마련된 차량 진단 커넥터에 연결하고 스캐너를 작동시키면 ECU의 고장 코드뿐 아니라 ECU가 처리하는 각종 센서 데이터를 즉각 읽어 낼 수 있다. 스캐너는 ECU뿐 아니라 TCU, ABS 컴퓨터와도 교신할 수 있고, 각각의 고장 코드와 센서 데이터를 읽어 올 수 있다.

차종에 맞는 스캐너가 없으면 차량 진단 커넥터에 간단한 점검 램프를 연결해서 램프의 점멸 주기를 보고 고장 코드를 디지털 숫자 형태로 읽어 내는 방법도 있다. 차량 진단 커넥터는 실내 퓨즈 박스 속에 있는 것이 보통이지만, 엑센트처럼 동전 보관함 윗부분에 달려 있는 차도 있고 엔진 룸에 마련된 차도 있다.

휴대용 진단 장비를
이용하는 모습.
진단 장비는 자체
전원이 없고 자동차
시거 라이터 잭에서
12V 전기를 끌어서
작동시킨다.

ECU의 고장 코드를 읽은 뒤에 고장이라고 보고된 부품을 교체하기만 한다고 해서 고장이 수리되는 경우는 드물다. ECU가 부품 고장을 판단하는 방법이 매우 단순하기 때문이다. ECU가 센서가 이상한 범위를 지시한다고 판단한 것은 센서의 고장 때문일 수도 있지만, 엔진 기계 장치가 비정상적이기 때문일 수도 있다.

예를 들어 ECU가 에어컨이 작동을 시작하자 엔진의 공회전 rpm이 너무 낮아지는 것을 발견하고 스로틀 밸브를 조금 더 열어서 rpm을 높이려고 할 때를 가정하자. 엔진을 제대로 관리하지 않아 스로틀 보디에 카본이 많이 퇴적되어 있다면 웬만큼 스로틀 밸브를 열어서는 rpm이 회복되지 않는다. 엔진은 최대한 스로틀 밸브를 열도록 공회전 제어(Idle Speed Control; ISC) 모터에 지시하고 공회전 제어 모터는 열 수 있는 데까지 스로틀 밸브를 연다. 하지만 퇴적한 카본 때문에 흡입 공기량이 부족해서 rpm은 원하는 수준으로 회복되지 않고, ECU는 rpm 상승 지시를 내렸는데 엔진이 반응하지 않자 무슨 이상이 있다는 것을 감지한다.

그래서 ECU는 ISC가 고장나서 스로틀 밸브를 열지 않았다는 결론을 내리고 'ISC 고장' 이라는 고장 코드를 남긴다. 이런 경우에 경험이 많지 않은 정비사는 스캐너로 고장 코드만 읽어 보고 대뜸 ISC가 일체화된 스로틀 보디를 통째로 교체한다. 그러면 당연히 ECU는 rpm을 정확히 맞출 수 있게 되고 고장은 수리된 것이 된다. 그러나 알고 보면 헌 스로틀 보디에 쌓인 카본만 청소해 주면 될 것을 괜히 12만 원이나 들인 셈이다. 예전에는 이러한 일이 잦았다.

또 다른 흔한 실수로 '산소 센서 고장'이 있다. 엔진에서 완전 연소가 되지 않으면 연소에 참여하지 못한 산소가 그대로 배기 가스로 빠져 나오고 배기 가스 중의 잔류 산소를 측정하는 산소 센서는 늘 '산소 과잉'을 지시한다. ECU는 산소 센서가 지속적으로 산소 과잉을 지시하고, 연료 분사량을 늘려 봐도 계속 산소 과잉이 지시되면 산소 센서가 고장난 것으로 판단한다. 정비소에서는 고장 코드만 보고 산소 센서를 교체하기 일쑤지만, 사실은 엔진의 불완전 연소를 근본적으로 고치기 전까지는 ECU는 산소 센서를 교체해도 계속 산소 센서 불량을 나타낸다.

ECU가 센서의 고장을 완벽하게 진단하지 못하는 수도 있다. 흡기량을 계측하는 MAP 센서가 적당히(?) 불량하면 ECU의 자기 진단에 걸릴 만큼 터무니없는 값은 아니지만 정확하지 않은 흡기량을 제공한다. 이렇게 잘못 계산된 흡기량에 따라 연료가 분사되므로 엔진은 부조에 시달린다. 스캐너로 아무리 ECU 고장 코드를 찾아 봐도 모든 부분이 정상이라고 나오는데 말이다. 이 때는 정비 이론에 따라 연관이 있는 각 부품을 개별적으로 성능 테스트를 해 봐야 한다.

06 | 노킹
가솔린의 옥탄가가 높을수록 노킹은 억제된다

'노킹'은 방문을 "똑똑" 두드리는 '노크'에서 나온 말이다. 엔진에서 철판 두드리는 "까르르르" 소리가 나는 현상이 노킹이다. 노킹은 가솔린 엔진에서만 발생하는 것으로 알려져 있지만, 디젤 엔진에서도 드물게 노킹이 일어난다.

노킹은 엔진이 큰 출력을 낼 때 발생한다. 노킹은 엔진 연소실에서 점화 플러그가 연료를 모두 연소시키기 전에 연료가 높은 압력에 의해 저절로 '폭발'하면서 일어난다. 연료는 발화 중심부로부터 빠른 속도로 고르게 '연소'되어야 하는데, 이상 현상으로 일순간에 폭발해 버리면 엔진 각 부품에 심한 충격을 준다. 이 폭발 충격파가 엔진 블록을 거쳐 노킹 소리로 들리게 된다. 노킹은 심할 경우 피스톤에 구멍을 낼 수 있으며, 심하지 않더라도 실린더 벽의 유막 형성을 방해한다.

노킹을 억제하기 위해 가솔린에는 노크 억제제가 배합된다. 노크 억제제로 예전에는 4에틸납을 사용했다. 그런데 4에틸납은 연소되면서 납 화합물을 만들어 배기 가스로 내뿜기 때문에 가솔린 차가 많이 다니는 도심에서 납 오염도가 나날이 증가했다. 납은 인체에 매우 해로운 중금속이므로 미국은 1990년대 초부터 가솔린의 노크 억제제로 납 성분을 사용하는 것을 전면 금지시켰다.

그 이전부터 4에틸납의 사용은 줄고 있었는데, 그것은 배기 가스 속의 납 성분이 배기 가스 정화 촉매에 코팅되어 자동차의 배기 가스 정화 성능을 떨어뜨리기 때문이다. 납 성분이 없는 노크 억제제를 쓴 가솔린을 '무연 가솔린'이라고 한다. 가솔린 자동차의 연료계를 보면 흔히 "UNLEADED FUEL ONLY"라고 찍혀 있다.

가솔린이 얼마만큼 노킹을 일으키지 않는가 하는 지

노킹을 억제하기 위해 가솔린에는 노크 억제제를 섞는데, 예전에는 납 성분이 든 4에틸납을 썼지만 공기 오염 문제로 요즈음은 납 성분이 없는 것을 쓴 '무연' 가솔린이 일반화되었다.

수가 옥탄가(octane價)다. 4에틸납이나 MTBE 같은 노크 억제제는 모두 옥탄가를 향상시킨다. 지금 국내에서 시판되는 가솔린은 모두 옥탄가 92 이상의 고급 가솔린이다. 예전에 유연 가솔린이 판매되던 때는 국내에서도 옥탄가 87 이상의 일반 가솔린과 92 이상의 고급 가솔린을 나눠 판매했다. 옥탄가가 높을수록 압축비가 높은 고성능 엔진에서도 노킹이 일어나지 않는다.

외제 고성능 스포츠 카 중에는 옥탄가 95 이상의 최고급 가솔린을 사용해야만 노킹이 일어나지 않는 것도 있다. 외국에서도 시골 주유소는 고옥탄가 가솔린을 팔지 않는 곳이 많아서 이런 까다로운 차를 몰고 먼 거리를 다니려면 연료 수급 계획을 세워야 한다.

처음 가 본 주유소에서 연료를 넣은 뒤에 노킹이 발생하는 경우가 있는데, 이럴 때에는 주유소를 다른 곳으로 바꿔 보면 노킹이 사라지기도 한다. 모든 주유소의 연료가 한결 같은 수준은 아닌 듯하다.

좀 밟았다 하면 노킹이 일어나는 엔진은 정비를 해 봐야 한다. 연소실 내에 카본 덩어리가 퇴적되었거나, 점화 장치(점화 플러그, 고압 케이블 등)의 성능이 떨어지면 노킹이 생긴다. 요즘의 엔진에는 노킹 충격파를 감지하는 노크 센서가 부착되어 있다. 노크 센서는 노킹이 발생하면 ECU로 하여금 점화 시기를 최적치보다 늦춰서 노킹이 생기지 않도록 조치를 취한다. 점화 시기를 늦추면 노킹은 생기지 않지만 출력과 연비에서 손해를 본다. 노크 센서가 장착된 엔진은 고옥탄가 연료를 사용하면 최적 점화 시기까지 노킹 없이 모두 쓸 수 있으므로 유리하다.

최고 출력 작동 때에 심한 노킹이 계속 발생하는 엔진은 수리하지 않고 오랫동안 사용하면 피스톤에 구멍이 나거나 균열이 생기고 밸브를 손상시켜 나중에는 수리비를 많이 들여야 한다. 하지만 주의를 집중해야 들을 수 있는 가벼운 노킹이라면 큰 문제는 아니다.

07 | 힘 부족
계속 운전해 본 사람은 엔진의 힘이 부족한 것을 느낄 수 있다

엔진의 힘이 떨어진다고 느끼는 것은 매우 주관적이다. 어디 가서 마력수를 측정해 볼 수 있는 것도 아니다. 그래도 해당 차를 계속 몰아 온 사람은 예전 같지 않다는 것을 느낄 수 있다.

힘이 떨어진다고 느끼는 상황은 수동 변속기의 클러치 디스크가 미끄러지는 경우가 대부분이다. 엔진의 동력을 변속기로 전달하는 클러치 디스크에는 마찰재가 붙어 있는데, 반클러치를 자주 사용하면 마찰재가 빨리 닳는다. 클러치 디스크가 닳으면 엔진의 동력이 변속기로 전달될 때 미끄러지기 때문에 오르막길에서 엔진 rpm에 비해 차가 잘 나가지 않는다. 수동 변속기 차량은 평지나 오르막에 상관 없이 같은 단수, 같은 rpm이면 속력이 같아야 하는데, 클러치 디스크가 미끄러지면 오르막에서는 같은 rpm에서도 속력이 낮게 나온다.

비포장 도로를 달리다가 차 밑의 배기관이 찌그러져 막혀도 엔진 출력이 떨어진다. 배기관이 찢어지면 소음이 증가하기 때문에 쉽게 알 수 있지만, 배기관이 눌려 찌그러지기만 하면 소음에 변화가 없기 때문에 차를 들어올리고 살펴보기 전에는 문제를 쉽사리 찾아 낼 수 없다. 배기 가스 정화 촉매로 인해 배기관이 막히는 경우도 있는데, 엔진에 문제가 생겨 다량의 미연소 연료가 배기 가스 정화 촉매로 들어가면 촉매 효과에 의해 매우 활발히 재연소되는 과정에서 많은 열이 발생해서 벌집 모양의 촉매 세라믹을 녹여 뭉갠다. 이로 인해 촉매가 막히면 출력도 줄어들고 연비도 나빠진다.

일반적인 정비 불량 또한 원인이 된다. 에어 필터나 연료 필터 교환을 게을리해서 각 필터가 꽉 막혀 버리면 엔진이 공기나 연료를 충분히 공급받을 수 없어서 출력이

감소한다.

　점화 시기 변화도 출력에 영향을 미친다. 노킹을 해결하기 위해 점화 시기를 대폭 늦추어 설정하면 엔진의 열효율이 떨어지므로 출력과 연비가 모두 떨어진다.

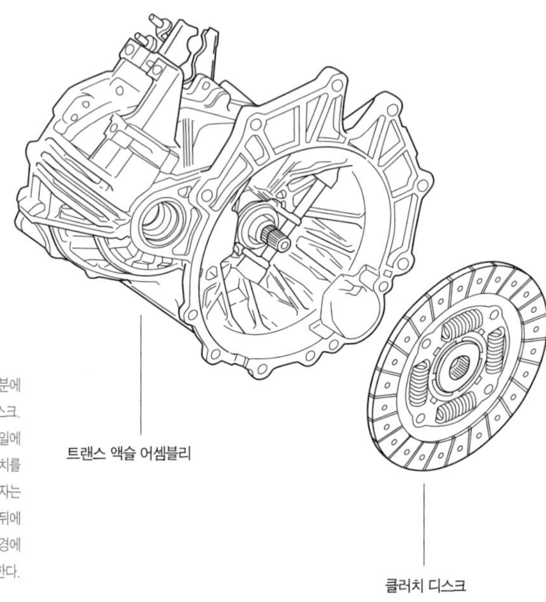

변속기 앞부분에 내장되는 클러치 디스크. 교환 주기는 운전 스타일에 따라 다르다. 반클러치를 심하게 쓰는 초보 운전자는 고작 5,000km 주행 뒤에 교환해야 할 지경에 이르기도 한다.

08 | 배기 소음
손상된 배기관은 수리보다는 교환이 일반적이다

어느 날 차가 마치 스포츠 카처럼 시끄러운 배기음을 낼 때가 있다. 배기관에 작은 구멍만 생겨도 배기음은 훨씬 커진다. 철판이 삭아서 두께가 얇아지면 배기관에 구멍이 날 수 있다. 난로 연통이 삭는 것과 마찬가지다.

배기관 구멍은 그냥 놔 둬도 큰 문제는 없다. 하지만 삭아서 구멍이 날 정도로 철판이 얇아졌다면 구멍은 갈수록 커지고 소리도 점점 커진다. 배기관이나 소음기에 구멍이 생기면 예전에는 용접을 해서 때웠지만, 승용차용 소음기는 철판이 얇아서 용접을 할 수가 없어서 새 소음기로 교환하는 것이 보통이다. 소음기는 품질이 조잡한 모조품이 많으므로 바꿀 때 유의해야 한다. 모조품들의 문제는 부식 방지 코팅이 충분치 않아서 쉽게 삭는다는 것이다.

배기관 철판이 삭는 것 외에도 배기관을 차체에 매다는 연결 고리의 용접 부위가 삭아 떨어지는 경우도 있다. 용접된 부분은 다른 부분에 비해 쉽게 녹스는데, 배기관은 모두 다섯 개 정도의 고리에 의해 차체 밑바닥에 걸려 있으므로 고리가 한 개쯤 떨어져도 당장은 괜찮다. 하지만 고리가 받쳐 줘야 할 무게가 한 곳에서 그냥 공중에 떠 있으면 다른 고리에 하중이 전가되어 결국 차례대로 끊어진다. 그러므로 배기관의 고정 고리나 보강판이 삭아서 떨어졌으면 새 부품으로 통째 바꿔 주는 것이 좋다.

배기관에 구멍이 생겼을 때와는 다른 배기 소음도 있다. 조용한 밤, 왼쪽으로 벽이 있는 도로를 운행하면서 운전석 유리창을 내려 보면 "따르르" 하는 소음이 들리는 차가 있다. 배기관에 들어 있는 어떤 이물질이 떨리면서 나는 소리다. 여기에서 이물질이란 산소 센서 부스러기나 배기 가스 정화 촉매 장치의 세라믹 조각을 말한다.

산소 센서나 배기 가스 정화 촉매가 쉽게 깨지지는 않으나, 더러 불량품도 있고, 비포장 도로에서 차 밑바닥이 닿으면서 충격으로 깨지는 수가 있다. 소리가 시끄러울 정도는 아니지만 산소 센서가 깨져 고장나면 연비가 떨어지고, 배기 가스 정화 촉매가 깨지면 정화되지 않은 가스가 배출되므로 수리하는 것이 좋다. 배기 가스 촉매가 깨졌다고 하면, 촉매 장치를 떼어 내서 깨진 부스러기를 털어 내고 통만 다시 달아 주는 양심 없는 카센터도 있다. 배기 가스 촉매 알맹이가 없는 상태로 주행하면 배기 가스에서 가솔린 냄새가 많이 나고, 배기구 위쪽 범퍼가 누렇게 변색된다.

자동 변속기를 조작할 때 나는 소리는 배기관 속에 이물질이 돌아다니면서 나는 소리와 비슷해서 가끔 혼동을 일으킬 수 있다.

배기관 속에 산소 센서나 촉매 부스러기가 돌아다니면서 나는 소리와 혼동할 수 있는 것이 자동 변속기 제어음이다. 전자 제어식 자동 변속기는 출발하기 위해 선택 레버를 P나 N에서 R나 D로 옮기면 4~5회 미약하게 "따르르르" 소리가 난다. 이 소리는 변속기의 클러치가 부드럽게 물리도록 변속 제어 솔레노이드를 빠르게 몇 차례 열고 닫을 때 나는 소리다. 변속기 솔레노이드 제어음을 들을 정도라면 매우 귀가 좋은 사람이다.

09 | 급가속할 때의 부조 현상
급가속 때는 연료 분사량이 잠시 크게 증가한다

차에 힘을 주기 위해 액셀러레이터를 급히 더 밟으면 엔진이 곧바로 따라와 주지 않다가 1초쯤 지나서 힘을 발휘하는 경우가 있다. 심할 경우에는 액셀러레이터를 급히 더 밟으면 엔진이 푸덕거리며 시동이 꺼지려고 하기도 한다. 액셀러레이터를 천천히 밟을 때는 높은 출력을 내는 데 무리가 없다면, 이것은 엔진 스로틀 보디의 TPS(스로틀 위치 센서)가 제대로 동작하지 않기 때문에 나타나는 현상이다.

TPS는 스로틀 밸브가 열린 정도를 ECU에 알려 주는데, 액셀러레이터를 급히 밟아서 TPS 값이 급격히 변하면 ECU는 급가속에 대응해서 연료 분사량을 순간적으로 늘리라는 지시를 내린다. 그러나 TPS가 스로틀 밸브의 움직임을 감지하는 데 실패하여 분사되는 연료의 양이 신속하게 증가하지 않으면 일시적으로 공기만 많이 들어가는 상황이 되어 엔진 연소실에서 실화失火(점화 스파크는 발생하지만 연소가 진행되지 않음)가 발생해서 엔진이 푸덕거리게 된다.

이럴 때는 액셀러레이터 페달을 천천히 밟아 나가면 TPS의 중요성이 낮은 상황이 되고, 대신 증가하는 공기량을 흡기량 센서가 정확히 계측하면서 연료 분사를 천천히 증가시키므로 문제가 나타나지 않는다.

TPS가 정상이라도 점화 계통의 성능이 낮으면 급가속할 때 실화가 발생해서 엔진이 푸덕거리거나 급가속 반응이 늦어진다. 급가속 때 다량의 공기와 연료가 연소실로 들어오면 점화를 위해 강력한 스파크가 필요한데, 점화 장치의 성능이 낮은 상태에서는 급가속 상황을 만족시킬 만큼 강한 스파크가 발생하지 않는다. 평상시에는 약간 부족한 스파크로도 점화가 가능하므로 문제가 없지

액셀러레이터에 급히 힘을 더 줄 때 반응이 느리거나 엔진이 푸덕거리는 것은 TPS가 제대로 동작하지 않아 실화가 발생한 경우이기가 쉽다. 액셀러레이터를 천천히 밟아 나가면 문제가 없어진다.

만, 급가속 때는 실화가 두드러진다.

점화 장치의 점검은 주로 점화 플러그와 고압 케이블을 대상으로 하고, 배전기를 사용하는 차량에서는 배전기 뚜껑의 절연 상태가 양호한지 확인한다(금 간 곳이 있으면 외부 수분이 침투해서 절연 효과가 떨어진다). 배전기 속에서 엔진 회전에 맞춰 회전하며 고압 펄스를 배분하는 로터(rotor; 회전자)는 40,000km마다 교환해 주는 것이 좋다.

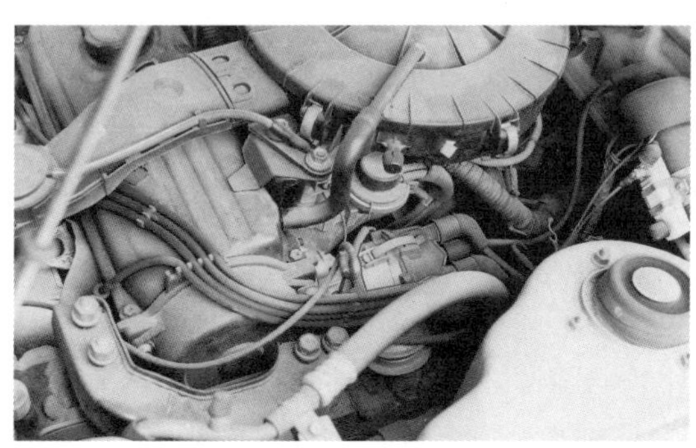

배전기. 내부에서 실제 전기를 통해 주는 로터와 배전기 캡 안쪽에 도전성 먼지 피막이 형성되면 고압 펄스가 다른 곳으로 새어 나가므로 점화 플러그에서 충분히 강력한 점화 불꽃이 형성되지 않아서 엔진 성능이 저하된다.

10 | 고속에서의 부조 현상
연료 공급이 원활하지 않으면 고속으로 달릴 때 출력이 떨어진다

고속에서 제대로 속도가 나지 않고 앞에서 엄청난 속력으로 맞바람이 부는 듯한 느낌이 든다든지, 저속에서는 잘 나가던 차가 최고 속력이 이전과 달리 눈에 띄게 줄어드는 현상이 발생한다면 연료 필터가 심하게 막혔을 확률이 높다.

연료 필터가 막히면 저속 주행에 필요한 연료 정도는 문제 없이 공급하지만 고속 주행에서는 필요한 만큼의 연료를 흘려 보내지 못한다. 엔진의 스로틀 밸브는 활짝 열렸지만 공급되는 연료가 부족하면 연소실의 공기 대 연료 비율이 맞지 않아 실화가 발생한다. 실화가 발생하면 엔진이 힘을 얻지 못하고 푸덕거리게 된다.

연료 필터는 별로 막힐 일이 없는 부품이지만 교환 주기를 잊고 3년이고 5년이고 계속 사용하다 보면 차에 무리가 생긴다. 연료 필터의 교환 주기는 보통 40,000~60,000km다.

연료 필터가 아니라 연료 펌프가 고장나서 고속 주행에 필요한 연료량을 대지 못하는 경우도 있다. 연료 분사식 차량은 모터식 연료 펌프가 연료 탱크 속에 잠겨 있다. 연료 속에 연료 펌프를 담가 놓으면 연료 펌프의 모터에서 나는 소음이 감소되는 효과가 있다. 또 연료 펌프도 기계 장치라서 윤활이 필요한데, 연료도 기름의 일종이므로 연료 펌프의 윤활유 기능은 바로 연료가 한다.

게을러서 연료 탱크를 자주 바닥내면 연료 펌프는 수명이 급격히 짧아진다. 연료가 바닥난 상태에서는 엔진 시동이 꺼질 때까지 연료 펌프는 윤활 오일 없는 상태로 회전한다. 게다가 연료가 없는 상태에서는 연료 펌프가 무부하에서 초고속으로 공회전하므로 마모는 급속도로 진행된다. 심하게 마모된 연료 펌프는 충분한 양의 연료

차를 고속으로 몰 때 이전 같지 않게 잘 나가지 않는다 싶으면, 연료 필터나 연료 펌프에 이상이 없나 점검해 본다.

를 엔진에 공급하지 못해서 연료 필터가 막힌 것과 같이 고속에서 실화를 유발한다.

마모된 연료 펌프에서는 큰 소음이 발생하기 때문에 연료에 푹 잠긴 상태에서도 차 밑바닥에서 울리는 소음을 들을 수 있다. 이 소리는 실내에서는 들을 수 없고, 차 바깥에서 밑쪽에 귀를 기울이면 희미하게 "삐" 하는 연료 펌프 회전음을 들을 수 있다. 모터의 회전 속도가 무척 빠르기 때문에 고음의 마찰음이 들린다.

11 | 연료 냄새
차콜 캐니스터에 연결된 호스가 빠지면 가솔린 증기가 샌다

가솔린 연료 냄새는 농약 냄새와 비슷하게 독하다. 디젤 엔진의 연료인 경유에서는 학교 복도의 먼지를 닦는 기다란 기름 걸레 냄새가 난다. LPG 차의 연료인 부탄 가스에서는 방귀 냄새 비슷한 것이 나는데, 이 냄새를 오래 맡으면 머리가 아프다. 낡은 택시 중에는 LPG가 누설되어 실내에서도 가스 냄새가 몹시 나는 차가 있다. 그런 차를 오래 타면 속이 메스꺼워지는데, 나는 처음 자리에 앉았을 때 가스 냄새가 많이 나는 택시는 타고 가지 않고 그냥 내린다. 견뎌 볼 생각으로 끝까지 타고 가면 남는 것은 두통뿐이기 때문이다.

디젤 엔진은 연료 냄새가 나는 경우가 거의 없다. 가솔린 엔진은 유해 가스 정화 계통 중에 '증발 가스 처리' 계통이 있어서 거기에서 냄새가 누설되는 경우가 있다. 증발 가스 처리 계통은 자동차가 주차되어 있을 때 연료 탱크에서 증발하는 가솔린을 모아 두었다가 엔진이 가동될 때 연소실로 유입시켜 연소시켜 버린다. 예전 차들은 연료 탱크에서 자연적으로 증발하는 가솔린 증기(즉, 가솔린 냄새)를 외부로 내보냈는데, 이렇게 발생하는 가솔린 증기가 도심지의 광화학 스모그 현상을 가중시켰다. 그러나 유해 가스 감소 장치가 있는 요즘의 차들은 가솔린 증기를 활성탄(일종의 숯)에 흡착시켜 보관한다.

활성탄이 들어 있는 차콜 캐니스터(charcoal canister)는 엔진 룸에 설치된다. 베르나처럼 엉뚱하게 트렁크 밑에 설치되는 경우도 있다. 차콜 캐니스터는 지름 10cm, 높이 15cm 정도의 검정색 플라스틱 통인데, 위에 두세 개의 호스가 연결되어 있다. 호스는 연료 탱크에서 발생하는 가솔린 증기를 운반하고, 엔진 작동 중 차콜 캐니스터에 흡착된 가솔린 증기를 연소실로 보내

가솔린 엔진은 유해 가스 정화 계통의 증발 가스 처리 과정에서 냄새가 누설될 수 있으나, 요즘 차들은 가솔린 증기를 활성탄에 흡착시켜 보관하는 유해 가스 감소 장치가 있어 그런 문제가 없다. 다만 활성탄 통의 연결 호스가 빠져서 가솔린 증기가 새는 경우가 있다.

는 일을 한다.

차콜 캐니스터에 연결된 호스가 빠지면 캐니스터에 저장될, 또는 엔진 작동 중 회수될 가솔린 증기가 외부로 누설되므로 엔진 룸에서 가솔린 냄새가 난다. 엔진 룸의 냄새는 본래 엔진 룸 밑으로 빠져 나가야 정상이지만 일부는 앞유리 밑 카울 패널(cowl panel)에 뚫린 환기 그릴을 통해 실내로 들어온다. 다행히 이 가솔린 증기는 불이 붙기에는 너무 희박해서 화재를 일으키거나 하지는 않는다.

LPG 엔진에서는 액체 상태의 LPG에 열을 가해 기화시키는 베이퍼라이저(vaporizer)에 누설이 발생하면 엔진 룸에서 LPG 냄새가 나고, 그것이 실내로 들어온다. LPG는 가스 누설 탐지기나 비눗물 바르기 방법을 이용해 누설 지점을 쉽게 확인할 수 있다.

LPG 엔진에서는 베이퍼라이저에 누설이 발생하면 LPG 냄새가 실내에까지 들어오는데, 가스 누설 탐지기나 비눗물 바르기 방법을 써서 누설 지점을 확인 할 수 있다.

12 | 급제동하면 오일 경고등이 켜진다
관성에 의해 오일이 쏠리면서 공급이 교란될 수도 있다

급제동이나 급회전을 할 때 계기판의 오일 압력 경고등이 0.5초쯤 들어왔다가 꺼지는 경우가 있다. 이것은 큰 고장이 아니라 엔진 오일이 다소 부족하기 때문에 일어나는 현상이다.

엔진 오일이 부족하면 급제동할 때 오일이 앞쪽으로 쏠리면서 엔진 오일 흡입구가 공기 중에 노출된다. 엔진 오일 펌프가 일시적으로 오일을 흡입하지 못하면 엔진 오일 압력이 순간적으로 떨어지면서 경고등이 들어온다.

일시적으로 오일 압력이 떨어지는 정도로는 엔진에 무리가 발생하지 않으므로 크게 걱정할 필요는 없고, 엔진 오일의 양을 F선과 L선 사이로 늘 맞춰 보충해 주면 이런 문제는 생기지 않는다.

rpm 레드 존을 넘기면 엔진이 고장날까?

계기판의 엔진 회전수계에는 엔진 회전을 높이 올리면 위험하다는 뜻으로 6,000rpm(revolutions per minute)을 넘는 구역에 레드 존(red zone; 빨간색으로 그려진 구간)이 있다. 레드 존 범위는 엔진 특성에 따라 다르다. 디젤 엔진의 레드 존은 낮아서 4,500rpm 정도부터 시작된다. 엔진 회전수가 레드 존을 넘기면 엔진에 어떤 문제가 발생할까?

엔진은 회전에 따른 원심력을 받는다. 원심력뿐 아니라 피스톤의 왕복운동에 따른 관성력도 받는다. 원심력과 관성력은 회전수의 제곱에 비례해서 증가하므로 6,000rpm에서 부품이 받는 힘은 3,000rpm에 비해 네 배가 된다. rpm이 8,500까지 올라가면 원심력과 관성력은 6,000rpm일 때의 두 배가 된다. 어느 정도까지의 힘에 부품이 견디도록 설계하느냐에 따라 엔진이 온전하게 버틸 수 있는 최고 회전수가 결정된다. 원가 절감의 압박 때문에 고가의 재료를 사용할 수 없는 승용차용 엔진은 최고 회전수가 낮다.

엔진의 최고 회전수가 올라갈수록 같은 토크에서도 발생할 수 있는 마력수가 증가하므로 높은 회전수를 사용할 수 있다는 것은 큰 장점이다. 경기용 모터사이클 엔진은 16,000rpm까지 올라간다.

rpm이 레드 존 이상으로 올라가는 경우는 황급히 변속하면서 기어가 제대로 들어가지 않은 상태에서 클러치를 떼고 액셀러레이터 페달을 꽉 밟았을 때다. 변속기가 연결되지 않은 상태에서 액셀러레이터 페달을 꽉 밟으면 엔진 rpm은 사정없이 치솟는다. 다른 경우는 감속 중 아랫단으로 변속하다가 실수로 잘못 넣는 경우다. 5단에서 3단으로 변속한다는 것이 실수로 1단으로 밀어넣으면 클러치를 떼자마자 엔진 rpm은 레드 존 한참 위로 올라간다. 모두 카 레이스 하는 식으로 급히 변속할 때 저지르기 쉬운 실수다.

일시적으로 rpm이 레드 존 이상으로 올라갔다고 엔진이 부서지지는 않는다. 하지만 장시간 레드 존을 넘겨 사용하거나, 레드 존보다 1,000rpm 이상 높여 사용했을 경우에는 특히 커넥팅 로드가 파손되기 쉽다. 그리고 피스톤과 실린더 사이의 마찰열이 과도해져 실린더 벽이 손상되기도 한다.

가속 중 레드 존을 넘기는 것에 대해서는 ECU에 방지 대책이 마련되어 있다. ECU의 '회전 제한(rev limiter)' 프로그램은 엔진 회전수가 정해진 rpm 이상 올라가면 연료 분사를 줄여서 액셀러레이터를 아무리 밟아도 회전수가 올라가지 않도록 하고 있다. 레이스용으로 개조된 ECU 중에는 이 회전 제한 프로그램을 조작해서 rpm이 자유롭게 올라가도록 한 것이 많다. 이 경우에는 엔진 부품도 보강된 것으로 바꿔 넣기 때문에 높은 rpm에서도 무리 없이 쓸 수 있다.

2
변속기와 구동축

수동 변속기에서 가장 흔하게 발생하는 문제는 변속할 때 힘이 든다는 것이고, 자동 변속기는 정차 중에 엔진의 떨림이 심하다는 것과 변속할 때 비정상적인 반응이 나타난다는 것을 꼽을 수 있다. 자동 변속기는 변속기 오일 점검 등 신경 써 줄 부분이 수동 변속기보다 많고, 국산품의 경우에 15만km를 견디지 못하고 대대적인 분해 수리가 필요할 정도로 내구성이 떨어지는 악명 높은 제품도 있다. 그러나 자동 변속기의 수명은 올바른 사용법과 관리를 통해 크게 향상시킬 수 있다.

01 수동 변속기
변속 느낌이 운전자의 손에서 느껴지는 것이 장점이자 단점이다

변속이 어렵다

클러치를 밟고 변속 레버를 밀어넣어도 원활하게 변속이 되지 않는 것은 주로 클러치 행정이 잘못 조정되었거나 변속기의 싱크로나이저(synchronizer)가 마모되었기 때문이다. 수동 변속기는 변속을 하려면 일시적으로 동력의 흐름이 차단되어야 한다. 반면 자동 변속기는 동력 흐름을 유지한 상태에서 변속할 수 있다.

운전석에서 클러치 페달을 밟으면 변속기 앞에 놓인 클러치의 연결이 해제되면서 엔진이 변속기를 회전시키려는 힘이 제거된다. 그런 상태에서 변속 레버를 움직이면 변속기는 다른 톱니바퀴로 가볍게 물려 들어갈 수 있다. 클러치 행정이 잘못 조정되어 클러치 페달을 밟아도 클러치가 약하게나마 연결된 상태로 남으면 변속기 톱니바퀴에 돌아가려는 힘이 걸리기 때문에 부드럽게 물려 들어갈 수 없다. 클러치 행정 조정은 변속기에 장착된 클러치 실린더(일명 '오페라 실린더')의 위치를 변경해서 행한다.

변속기의 싱크로나이저는 클러치를 밟아도 관성에 의해 계속 회전하는 톱니바퀴의 관성력을 흡수해서 대상 톱니바퀴의 회전수가 일치(synchronize)한 뒤에야 기어가 물려 들어가도록 허용하는 큰 팔찌 모양의 클러치다. 변속 단의 개수만큼 있고, 고급 변속기는 후진 기어에도 싱크로나이저가 마련되어 있어서 후진을 넣을 때도 톱니바퀴 갈리는 소리가 들리지 않는다.

변속 레버를 아주 급하게 밀어넣으면 싱크로나이저가 급속하게 관성력을 흡수해야 한다. 습관적으로 변속을 급히 하면 싱크로나이저가 마모되어 나중에 변속할 때 관성력을 흡수하는 시간이 길어지고 변속 레버가 신속히

변속 레버를 급하게 움직이는 습관은 변속기의 싱크로나이저를 빨리 마모시킨다.

들어가지 않는다. 스포츠 카용 고급 변속기는 대형 싱크로나이저 또는 더블 콘 싱크로나이저를 사용해서 싱크로나이저의 마찰 용량을 증대시켜 놓지만, 간단한 승용차용 변속기는 그런 과격한 사용 환경을 예상해서 만든 것이 아니므로 스포츠 카를 운전하는 식으로 험하게 변속하면 싱크로나이저가 버텨 낼 수 없다.

싱크로나이저가 마모되면 교환하는 것 외에는 방법이 없다. 싱크로나이저는 변속기 내부 부속품이므로 교환하려면 변속기를 분해 수리해야 한다. 대부분의 수리점은 변속기를 분해해서 싱크로나이저를 교체하느니 차라리 폐차에서 떼어 낸 중고 변속기로 교체하는 것을 선호한다. 시간도 절약하고 이익도 많이 낼 수 있기 때문이다. 흔히 사람들은 '수리'에는 돈을 아끼지만 부품째 '교환'했다면 달라는 대로 돈을 주는 습관이 있다.

중고 변속기도 잘 사용해서 길들이기가 잘 된 물건이 있는가 하면, 험하게 사용해서 맛이 가기 직전의 물건도 있다. 따라서 속을 보지 않고는 어떤 물건이 좋은지 아무도 모른다. 일부 선진국처럼 체계적으로 중고 변속기를 분해 수리해서 재생시키고 재생품에 대해 품질 보증까지 해 주는 전문 재생업체가 있는 것도 아닌 우리 나라에서는 그냥 고철처럼 무더기로 중고 부품상에 팔아넘기기 때문이다. 이런 실정을 감안하면, 중고 변속기로 교체하는 것보다는 좀 비용이 더 들고 수고스럽더라도 자기 변속기를 수리해서 쓰는 것이 낫다.

변속 불량의 다른 원인은 실내 변속 레버에서부터 엔진 룸 변속기까지 동작을 전달하는 링키지(linkage ; 연결장치)의 마모다. 후륜 구동차는 변속기가 변속 레버 바로 밑에 있어서 간단히 연결할 수 있으므로 링키지가 필요 없다. 하지만 전륜 구동차는 변속기가 엔진 룸에 자리잡고 있어서 운전석 변속 레버의 움직임을 케이블 또는 로드(rod ; 막대)를 사용해서 변속기에 전달해 줘야 한다.

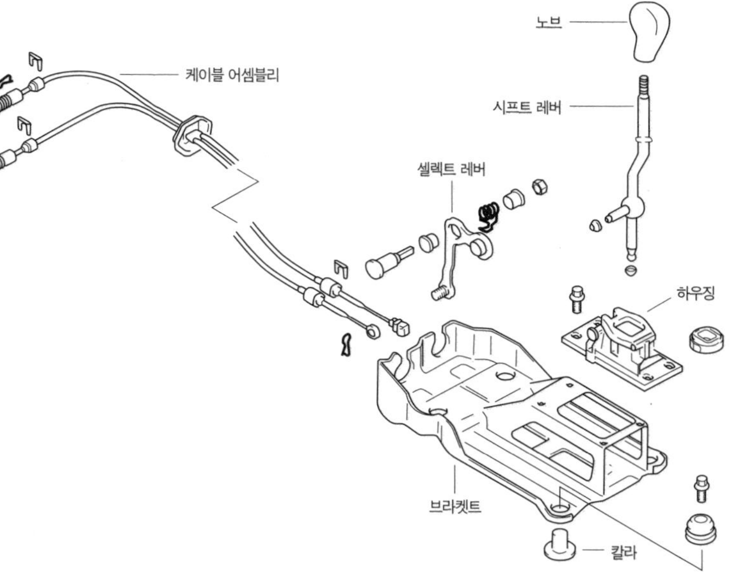

케이블식
변속 링키지의
연결 상태.
로드식은 변속감이
절도 있는 대신
마모 정도에 민감하다.

연결 케이블이나 로드를 오래 사용하면 연결 부위가 마모되어 헐렁하게 된다. 새 차의 변속 레버는 절도 있게 물려 들어가는 느낌이 들지만 오래 된 차는 상대적으로 헐렁해진다. 마모가 심하면 레버를 각 변속 단 끝까지 밀어넣어도 움직임이 충분히 전달되지 않아 변속이 되지 않는 수가 있다. 변속이 잘 안 되는 경우, 새 차는 케이블이나 로드의 위치를 미세 조정해서 정확하게 맞춰 주면 해결되지만 오래 되어 링키지가 마모된 중고차의 경우는 교환해 줘야 한다.

소음

수동 변속기에서 나는 소음은 주로 베어링의 고장이 원인이다. 주행 중에 특정 단수에서만 "윙" 하는 기계음이 나는 경우가 있다. 그 소리는 마치 지하철 공사장 위

수동 변속기에서
나는 소음은 베어링
고장이 주원인이다.

에 깔아 놓은 우툴두툴한 철판 위를 주행할 때 타이어에서 나는 소리 같다. 아니면 제트 엔진 시동 소리 같기도 하다.

특정 단수에서만 소리가 나는 까닭은 해당 기어에 힘이 걸렸을 때만 그 곳의 베어링이 하중을 받기 때문이다. 이 때 클러치를 밟으면 소리가 사라지는데, 그것은 구동력이 걸리지 않아서 베어링에 걸리는 하중이 경감되기 때문이다.

베어링에서 소리가 나면 일단 수동 변속기 오일의 양이 충분한지 확인한다. 수동 변속기 오일은 엔진 오일처럼 자연적으로 소모되지는 않지만 혹시 누설될 수 있기 때문이다. 오일이 없으면 베어링은 급속도로 손상된다. 오일의 양이 충분한데도 베어링에서 소리가 난다면 역시 변속기를 분해해서 베어링을 교환해야 한다.

02 | **자동 변속기**
자동 변속기의 구조는 엔진만큼 복잡하다

자동 변속기 차량 운전자가 자주 느끼는 문제점은 정차 중 엔진의 진동이 심하다는 것이다. 수동 변속기와 달리 자동 변속기는 정차 중 엔진이 변속기에 결합된 상태로 남기 때문에 수동 변속기에 비해 공회전 때 엔진에 걸리는 부하가 증대되어 같은 조건이라면 엔진 진동이 더 심한 것은 어쩔 수 없다. 하지만 자동 변속기 엔진은 증가되는 진동을 흡수하기 위해 같은 차종의 수동 변속기 엔진보다 한결 부드러운 엔진 지지 구조를 사용한다.

정차하면 엔진이 심하게 진동한다

선택 레버를 P나 N 이외의 위치에 놓고 브레이크를 밟아 차를 세우면 엔진의 진동이 심한 것은 차가 낡아서 그렇다고 생각하는 사람이 많다. 하지만 차의 노화와 엔진 진동은 무관한 것이다.

공회전 때 변속기 선택 레버가 D나 R 위치에 있거나 에어컨을 작동시킬 때면 진동이 증가하는 것은 엔진의 스로틀 보디에 카본이 퇴적되어서 그럴 경우가 많다. 스로틀 보디의 카본 청소는 넉넉잡고 30분이면 할 수 있는 작업이다. 자세한 방법은 제1장 '공회전 부조'에 나와 있다.

엔진 진동이 차체에 강하게 전달되는 것은 엔진을 차체에 고정하는 고무 부품인 엔진 마운트, 특히 엔진 앞뒤의 아래쪽 롤 스토퍼가 경화되었기 때문이다. 처음에는 말랑말랑한 고무지만 엔진 룸 내부의 뜨거운 열에 오래 노출되면 딱딱해지고, 나중에는 진동을 흡수하는 부분이 탄성을 잃고 부서져서 엔진과 차체 쪽이 맞닿으면서 엔진 진동이 완충 없이 직접 전해진다. 특히 전륜 구동차는 롤 스토퍼가 차량 전체의 구동 반력反力을 직접 받기 때

엔진 진동이 심한 것은 대개 엔진을 차체에 고정하는 부품 중 롤 스토퍼가 열을 받아 딱딱해졌거나 나아가 부서졌기 때문이다. 이런 현상은 전륜 구동차에서 더 자주 나타난다.

문에 가속 또는 감속할 때에 요동하는 범위가 커서 진동 흡수 부분이 쉽게 끊어지는 편이다. 후륜 구동차는 차량 전체의 구동 반력은 차 뒤쪽의 종감속終減速 기어가 받고, 엔진은 변속기의 구동 반력만 받으므로 전륜 구동차에 비해 롤 스토퍼가 받는 힘이 4분의 1 정도로 작다.

롤 스토퍼 교환 작업은 공구가 있으면 스스로 할 수도 있지만 차 밑으로 기어들어가는 것이 번거로워서 사람들은 대부분 카 센터에 맡긴다. 카 센터에 맡기면 비용은 2만 원쯤이다.

롤 스토퍼를 교환할 때 카 센터에서 실수하기 쉬운 것이 있다. 방향을 잘못 맞추거나 수동 변속기용을 자동 변속기 차량에 사용하는 것이다. 롤 스토퍼는 진동을 흡수하는 방향이 정해져 있어서 장착할 때 방향을 반대로 끼우면 금세 진동 흡수 부분이 끊어진다. 수동 변속기 차량용 롤 스토퍼는 클러치를 연결할 때 일어나는 충격을 흡수하는 것에 주안점을 두고 만들기 때문에 상대적으로 진동 흡수력은 떨어진다. 수동 변속기 차량용 롤 스토퍼를 자동 변속기 차량에 사용하면 D나 R에서 정차할 때 진동이 매우 커진다. 반대로 자동 변속기 차량용 롤 스토퍼를 수동 변속기 차량에 사용하면 롤 스토퍼가 너무 부드럽고 충격 흡수 능력이 적어서 변속할 때 클러치 페달에서 발을 급히 떼면 "텅" 하는 충격이 발생한다.

정차 중 진동이 생기는 원인 가운데 하나는 자동 변속기 내부의 토크 컨버터의 손상이다. 컨버터가 손상되어 내부 유체의 흐름이 원활하지 않으면 정차 중에 엔진 동력을 과다하게 소모하기 때문에 엔진이 정신을 못 차리고 푸덕거린다. 이 경우는 자동 변속기의 스톨 테스트(stall test)를 통해 판별할 수 있다. 스톨 테스트는 선택 레버를 R나 D 등에 놓고 왼발로 브레이크를 꽉 밟은 채 오른발로 액셀러레이터 페달을 4~5초쯤 꽉 밟아서 rpm이 얼마나 올라가는지 확인하는 것이다. 스톨 테스트에서 몇 rpm까지 올라가야 정상인지는 각 차종별 정비 매뉴얼에 나와 있다. 토크 컨버터가 손상되면 정상 스톨 rpm보다 훨씬 낮은 rpm밖에 나오지 않는다.

스톨 테스트 도중에 차가 급발진하는 것은 아닐까 걱정할 필요는 없다. 브레이크의 제동력은 엔진 구동력의 몇 배가 되므로 절대 차가 움직이지 않는다. 시험삼아 (?) 차 두 대를 세워 놓고 브레이크를 꽉 밟은 앞차를 뒤차로 아무리 밀어 봐도 범퍼만 부서질 뿐 브레이크를 밟은 앞차는 꼼짝도 하지 않는다. 브레이크의 제동력이 이렇게 강하기 때문에 급발진 사고 때에 피해자들이 브레이크를 밟았는데도 차가 튀어나갔다는 말을 자동차 회사 관계자들이 믿지 않으려는 것이다.

스톨 테스트를 하고 나면 시험 중 엔진이 허비한 동력이 모두 변속기 오일을 가열하는 열에너지로 바뀌므로 5분쯤 선택 레버를 N에 놓고 엔진을 공회전시켜서 변속기 오일이 쿨러에서 냉각되도록 해 줘야 한다. 변속기 오일은 가열된 상태로 오래 있으면 변질되기 때문이다.

D나 R에서 정차하면 시동이 꺼진다

자동 변속기의 장점은 변속 레버가 D 위치에 있어도 브레이크만 밟으면 차가 멈춘다는 것이다. 수동 변속기처럼 일일이 클러치를 밟고 기어를 빼 줄 필요가 없다. 그런데 자동 변속기 차량 중에는 정차하려면 엔진이 힘겹게 푸덕거리며 시동이 꺼지는 차가 있다. 물론 이 상태는 고장이다.

첫째 원인은 이번에도 스로틀 보디에 있다. 스로틀 보디 불량은 공회전 때에 엔진에 생기는 문제의 거의 대부분을 차지한다. 스로틀 보디에 문제가 없을 경우 변속기의 토크 컨버터를 의심해 봐야 한다.

자동 변속기의 토크 컨버터는 내부의 유체 흐름을 이용해서 엔진의 동작에는 영향을 주지 않고 동력을 전달

자동 변속기는 변속 레버가 D 위치에 있어도 브레이크만 밟으면 차가 멈춘다.

하는 부품이다. 하지만 토크 컨버터는 동력 전달을 위해 내부에서 유체 소용돌이를 일으키기 때문에 괜한 동력을 낭비한다. 토크 컨버터의 에너지 전달 효율은 최고 90%에 불과해서 고속 순항 중 연비 저하 문제의 주범으로 꼽혀 왔다. 하지만 요즘은 토크 컨버터를 직결시키는 댐퍼 클러치의 사용으로, 순항하는 경우에 한해 엔진 동력의 전달 효율이 100%로 끌어올려졌다.

댐퍼 클러치는 느긋하게 주행하는 순항 중에만 유압에 의해 밀착되어 토크 컨버터가 유체 소용돌이를 일으키지 않고도 동력을 전달하도록 한다. 항상 댐퍼 클러치가 밀착해 있으면 변속 충격이 고스란히 느껴지기 때문에 변속할 때는 일시적으로 연결을 해제한다. 물론 정차해도 댐퍼 클러치는 해제되어서 변속기가 엔진 시동을 꺼뜨리지 않도록 토크 컨버터의 유체 흐름으로만 연결하는 상태로 만든다.

자동 변속기에서 수냉식 오일 쿨러로 연결되는 호스.

그런데 댐퍼 클러치가 장착된 자동 변속기 차량이 마치 수동 변속기 차량에서 클러치를 안 밟고 정차했을 때처럼 시동이 꺼진다면 댐퍼 클러치가 어떤 이유로 해제되지 않기 때문이다. 댐퍼 클러치가 해제되지 않는 것은 밀착시키는 방향의 유압이 저절로 발생했기 때문이다. 자동 변속기에서 오일 쿨러로 가는 호스가 꺾여서 자동 변속기 오일 흐름이 원활하지 않으면 막힌 호스로 인해 배압背壓이 걸려 댐퍼 클러치가 밀착되는 방향으로 원치 않는 유압이 발생한다. 오일 쿨러는 수냉식으로서 엔진 라디에이터 아랫부분에 내장되어 있는데, 자동 변속기와 이 오일 쿨러 사이에는 오일이 가고 오는 고무 호스가 한 쌍 있다.

다른 경우, 자동 변속기 오일의 양이 많이 부족해도 댐퍼 클러치가 밀착되는 현상이 발생한다. 유압 제어 밸브에서 댐퍼 클러치를 분리하도록 유압을 선별해서 보내지만 오일이 부족하여 유압이 댐퍼 클러치까지 전달되지 못하는 것이다. 이 경우에는 변속기 오일만 정량대로 채워 주면 깨끗이 해결된다.

3단 고정

전자 제어식 자동 변속기는 비상 상황에서는 전자 제어에 의한 변속을 포기하고 3단으로 고정시키는 기능이 있다. 센서가 이상한 값을 출력하거나 제어용 솔레노이드 밸브를 작동시켰는데도 변속이 되지 않는다고 보고되면, TCU(변속 제어 컴퓨터)는 솔레노이드 밸브를 모두 꺼서 3단이 되도록 한다. 이 상태에서는 선택 레버를 R에 놓으면 후진도 가능하다.

하필 3단으로 고정하는 이유는 3단에서는 느리지만 출발도 할 수 있고 가까운 카 센터까지 갈 만큼 속력도 낼 수 있기 때문이다. 1단이나 2단으로 고정되면 출발은 수월하겠지만 최고로 낼 수 있는 속력이 50km/h(그것도 엔진이 높은 rpm을 내기 때문에 엄청난 소음을 일으킨다) 정도에 지나지 않는다. 4단에 고정시키면 출발할 때 사람이 걷는 것보다 느리게 발진하고, 급하지 않은 오르막조차 오르지 못할 정도로 힘이 없어서 곤란하다.

자동 변속기가 3단에 고정돼도 운전자는 이 사실을 금방 알 수가 없다. 계기판에 이런 상황을 알리는 경고등이 들어오지 않기 때문이다. 그러나 출발할 때 마치 만원 버스가 출발하는 것처럼 차가 매우 무겁게 느껴지면 무슨 이상이 있음을 알아차리게 된다. 이 때는 가속을 해도 말을 안 듣고 속력이 올라가서 80km/h가 넘어도 엔진 rpm이 높게 유지된다.

정차시킨 뒤 시동을 껐다 켜면 고장 모드에서 해제되지만 TCU가 이상을 감지하면 다시 3단으로 고정되기 때문에 시동을 꺼서 고장 모드에서 해제시켜 가면서 정비소까지 운행하는 방법은 좋지 않다. 그냥 3단 고정 상태에서 주행하는 것이 바람직하다.

정비소에 가면 TCU에도 고장 코드가 저장되므로 자동차의 자기 진단 커넥터에 스캐너를 꽂아 고장 코드를 읽을 수 있다.

내 특이한 경험으로는, 그랜저(LX, 뉴그랜저라고 하는 것)를 운전하다가 휴게소에서 정차를 했는데 다시 출발하려니까 엔진만 공회전하고 차가 움직이지 않은 적이 있다. 선택 레버를 R에 놓으면 후진은 가능했지만 후진으로만 집까지 간다는 것은 불가능한 일이었다. 곰곰이 생각해 보니 후진이 가능하다는 것은 변속기의 전진 부분에만 문제가 있다는 뜻이었다. 혹시 출발할 때 쓰는 1단만 문제가 있다면 2단으로 출발시키면 차가 움직일 것 같았다. 그래서 변속 모드 스위치를 HOLD에 놓아서 2단으로 출발시켜 봤지만 효과가 없었다.

2단이 안 되면 3단으로 출발시켜 보리라 생각하고 퓨즈 박스에서 TCU 퓨즈를 뽑아 냈다. TCU의 전원이 끊긴 상황에서도 3단 고정 기능은 작동되기 때문이다. 3단으로 고정시키니까 출발할 수 있었다. 그 상태로 집으로 돌아온 뒤에 다음 날 정비 공장에 가 보니 1, 2단을 담당하는 내부 샤프트가 부러졌다고 했다. 보증 수리 기간이었으므로 무료로 수리해서 그 뒤로는 잘 사용하고 있다.

3단으로 고정되는 것과는 다른 원인인데 비슷한 증상

을 나타내는 경우가 있다. 주행 중 자동 변속기 오일이 과열되면 자동 변속기가 1~3단만 사용하는 상태로 자동적으로 전환하는 차종이 있다. 특히 소나타II에서 이 현상이 좀 더 자주 나타난다. 자동 변속기 오일 쿨러의 냉각 용량이 빠듯한 것이 원인이다.

자동 변속기 오일이 과열되는 것은 급가속을 자주 하거나 장시간 오르막길을 등판해서 토크 컨버터 내부에서 동력 에너지의 일부가 열에너지로 바뀌기 때문이다. 이 열에너지를 제거하기 위해 자동 변속기 오일 쿨러가 있지만 냉각 용량이 부족하면 오일이 과열된다. 오일이 과열되면 급속히 산화되면서 오일의 수명이 짧아지는데, 이것을 방지하기 위해 자동 변속기 내부에는 유온油溫 센서가 있어서 변속기 오일이 과열되면 '고유온 대응 변속 패턴'으로 들어간다. 고유온 대응 변속 패턴은 고단 기어 사용을 억제해서 토크 컨버터의 작동량을 줄이는 데, 특히 4단은 아예 사용하지 않도록 한다. 이러한 고유온 변속 패턴에서도 계기판에는 아무런 경고등이 들어오지 않는다.

대형차나 험한 도로 운행이 잦은 택시에는 자동 변속기 오일 쿨러의 용량을 증대시키기 위해 기본 장착되는 수냉식 오일 쿨러에 더해서 라디에이터 앞에 조그마한 공랭식 오일 쿨러가 장착되어 출고되기도 한다. 자동 변속기 오일과 자동 변속기 기기 자체의 수명을 연장시키기 위해 자기 차에 다른 차종의 공랭식 쿨러를 개조해서 장착하는 사람도 있다.

변속 지연과 충격

자동 변속기에서 가장 해결하기 힘든 문제가 변속 지연과 충격이다. 특히 한 차를 오랫동안 몰아 온 사람은 변속 시점이 예전과 달라지거나, 변속하면서 너무 오랫동안 동력이 연결되지 않는 상황을 쉽게 느낄 수 있다.

자주 급하게 가속을 하거나 오랜 시간 오르막길을 달려서 토크 컨버터 내부에서 동력 에너지의 일부가 열에너지로 바뀌면 자동 변속기 오일이 과열될 수 있다.

변속기 오일이 부족하거나 너무 많으면 변속 감각에 변화가 나타난다. 변속기 오일이 부족하면 오일 펌프가 때때로 공기를 흡입하기 때문에 오일에 기포가 섞여 유압이 균일하게 발생하지 않는다. 반대로 변속기 오일이 너무 많으면 회전하는 톱니바퀴에 의해 휘저어져 거품이 발생하고 오일 펌프가 그 거품을 흡입해서 역시 유압이 불균일하게 된다.

전자 제어식 자동 변속기의 유온 센서가 고장나면 변속기 오일이 정상 온도까지 오르기 전에는 변속 감각이 부자연스럽게 된다. 변속기 오일의 점도는 온도에 따라 크게 변하기 때문에 자동 변속기는 변속기 오일의 온도가 낮으면 그 점도에 대응해서 변속 조작의 속도를 빠르게 한다. 유온 센서는 변속기 밑에 저장된 오일에 잠긴 상태에서 오일 온도를 측정하는데, 유온 센서가 낮은 온도를 감지하지 못하면 변속기 오일이 차가울 때도 그에 맞게 제어를 할 수 없어서 변속 동작이 정밀하지 못하게 되고, 반대로 변속기 오일이 따뜻할 때도 유온 센서가 TCU에 아직 변속기 오일이 차갑다고 보고하면 TCU가 차가운 변속기 오일의 점도에 맞춰 변속 동작의 속도를 높게 변경하므로 변속 충격이 커진다.

이 밖의 경우에는 변속기를 분해해서 각 클러치와 유압 제어 장치를 수리해야 한다. 변속기를 수리하는 데 드는 비용은 예전에는 100만 원 정도로 매우 비쌌는데, 지금은 전문점에서 50만 원 정도면 중형차 등급의 자동 변속기를 완벽하게 수리해서 새 것같이 만들 수 있다. 변속기 수리 전문점에 가면 미리 수리해서 완벽한 상태로 준비되어 있는 중고 변속기(이전에 다른 손님 차에서 떼어 낸 것을 수리한 제품)가 비치되어 있어서 신속하게 변속기를 교체 장착해 주므로 시간을 절약할 수 있다. 물론 손님이 원하면 해당 차의 변속기를 분해해서 수리해 주기도 하지만, 시간이 오래 걸리고(하루 정도) 비용도 5

자동 변속기의 변속기 오일의 점도는 온도에 따라 크게 변한다. 변속기 오일의 온도가 낮으면 그 점도에 대응해서 변속 조작을 빠르게 한다.

만 원쯤 더 든다.

좀 다른 이야기인데, 보증 수리 기간 중에 자동 변속기 문제로 서비스 센터에 들어가면 새 변속기로 교환해 주겠다고 하는 경우가 있다. 그 말이 반드시 '신품 변속기'를 뜻하는 것은 아니다. "다른 변속기로 교환해 드리겠습니다"라고 하는 말로 해석하는 것이 옳다. 문제가 있는 손님의 변속기를 떼어 낸 뒤, 전문 수리 공장에서 분해 수리한 뒤에 포장해 놓았다가 다른 손님의 차에 달아 주는 것이다. 깨끗이 세척된 상태로 비닐에 포장되어 있고, 모든 흡입 배출 구멍도 전용 플라스틱 마개로 막혀 있어서 신품과 다를 바 없지만, 엄격히 말해 신품은 아니다.

이렇게 준비된 수리품으로 교환하는 방법을 정비 공장 사람들이 권장하는 까닭은 고객의 차가 오랫동안 정비소 공간을 차지하는 것과 그로 인해 그만큼 다른 차들을 돌봐 줄 수 없는 상황을 줄이기 위해서다.

03 | 구동축
등속 조인트는 차량 견인 중에 실수로 파손되기도 한다

변속기에서 나온 회전력을 바퀴 또는 종감속 기어에 전달하는 구동축에 문제가 생기는 차종은 주로 전륜 구동차다. 특히 등속 조인트 부분의 고장이 잦다.

등속 조인트의 파손

등속等速 조인트는 전륜 구동차에는 꼭 필요한 부품으로 영어로 CV(Constant Velocity) 조인트라고 한다. 등속 조인트는 앞바퀴가 방향을 튼 상태에서도 원활하게 동력을 받을 수 있도록 한다. 따라서 등속 조인트가 없는 전륜 구동차는 생각할 수조차 없다.

등속 조인트는 좌우 바퀴 안쪽에 자리잡고 있다. 두 개의 또 다른 등속 조인트가 변속기 양쪽 옆에 있는데 그쪽은 별로 중요하지 않다. 바퀴 가까이 있는 등속 조인트는 앞바퀴를 조향操向할 때 큰 각도로 꺾인 상태에서 동력을 전달하기 때문에 부품이 받는 스트레스가 크다. 등속 조인트는 몇 개 마디로 주름진 고무 부트boot로 싸여 있다. 고무 부트는 등속 조인트 윤활용 그리스가 원심력 때문에 튀어 달아나지 않도록 저장하는 역할을 한다. 등속 조인트는 미크론(μ; 1mm의 1/1000) 단위로 정밀하게 가공되는 부품이기 때문에 내부 기계 요소가 원활하게 움직일 수 있도록 반드시 전용 그리스를 써야 한다.

고무 부트가 찢어지면 등속 조인트가 손상된다.

등속 조인트가 손상되는 주요 원인은 겉을 보호하는 고무 부트의 노화다. 고무 부트는 회전할 때마다 각 마디가 신축을 되풀이하는데, 고무가 오래 되면 탄력을 잃기 때문에 신축에 의해 미세한 균열이 생기고 끝내 찢어진다. 고무 부트가 찢어지면 등속 조인트 윤활용 그리스가 원심력에 의해 부트 밖으로 빠져 나가고 등속 조인트는 윤활이 부족한 상태에서 작동하다가 손상된다.

일부 악덕 카 센터 주인은 정비하러 들어온 차의 등속 조인트 고무 부트를 일부러 찢어 놓기도 한다. 드라이버로 푹 찌르거나 칼로 찢은 뒤 운전자가 이상을 느껴 다시 찾아오게 하거나, 다른 일로 찾아왔을 때 새삼스럽게 손상을 발견한 것처럼 말하기도 한다. 실력(?)이 없거나 마음이 급한 카 센터 주인은 다른 부분을 점검하면서 슬쩍 고무 부트를 찢은 뒤에 금세 "어? 여기가 찢어졌네요"라고 말하기도 하는데, 등속 조인트 고무 부트가 찢어졌으면 주행 중 반드시 그리스가 튀어서 휠 안쪽에 그리스와 먼지가 덕지덕지 더럽게 묻어 있어야 한다. 휠 안쪽에 그리스 자국이 없는데 고무 부트가 찢어져 있다면 주행한 뒤에 찢어 놓은 것으로 봐야 한다.

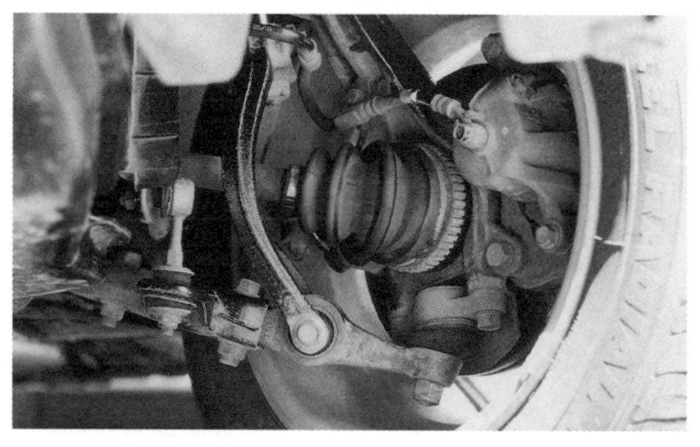

등속 조인트. 엔진 룸 맨 밑바닥에 있기 때문에 차를 들어올리기 전에는 쉽게 눈에 띄지 않는다. 엔진 출력이 큰 대형차에서는 가속할 때 스티어링 휠이 쏠리는 현상을 최대한 줄이기 위해 중간 베어링을 설치해 좌우 등속 조인트 길이를 같게 설계하지만, 대부분의 차는 가격 문제 때문에 이것이 생략되어 좌우 등속 조인트 길이가 다르다.

등속 조인트 고무 부트가 손상되어 윤활 그리스가 없어지면 며칠 뒤부터 급한 선회를 하며 가속하면 등속 조인트에서 "까르르르" 소리가 난다. 엔진 노킹과 혼동하기 쉽지만 등속 조인트 소리는 앞바퀴를 많이 꺾고 가속할 때만 발생한다. 특히 U턴 때는 분명하게 소리가 난다.

등속 조인트 윤활 그리스가 부족한 상태로 주행하면 등속 조인트 기계 부품의 마모가 가속된다. 아울러 곡선 주행 중 "까르르" 소리가 지속적으로 난다. 어떤 카 센터에서는 그대로 타고 다니다가는 앞바퀴가 빠질 수도 있다고 하는데, 앞바퀴는 별도의 휠 베어링에 의해 지탱되기 때문에 등속 조인트의 고장과는 무관하다. 심지어 등속 조인트를 빼 버려도 앞바퀴는 제동과 곡선 주행을 할 수 있다.

등속 조인트 고무 부트가 손상되었을 때는 등속 조인트가 부착된 구동축 전체를 교환하는 방법과 손상된 고무 부트만 교환하는 방법이 있다. 등속 조인트 윤활 그리스가 없는 상태에서 몇 달 동안 주행하지 않았다면 내부 기계 부품은 크게 손상되지 않았으므로 고무 부트만 교환해도 된다. 그런데 정비업소 중에는 고무 부트 교환 작업을 해 주려 하지 않는 곳도 있다. 고무 부트만 교환하는 작업은 구동축 전체를 교환하는 것보다 시간이 더 걸리면서도 이윤은 오히려 적기 때문이다. 등속 조인트가 포함된 구동축 전체를 교환하는 비용은 신품이 22만 원쯤, 재생품이 15만 원쯤 한다(한쪽 바퀴당).

그런데, 이 재생품이라는 것은 정비 공장에서 수거한 헌 등속 조인트를 무허가 업소에서 부트만 갈아서 다시 포장해서 파는 것이다. 정비업소에서 재생품 등속 조인트를 신품이라고 속여 파는 경우도 흔하다. 재생품도 그럴싸한 박스에 넣어 포장된 상태로 오기 때문이다. 이 재생품은 정식 절차를 거쳐 재생된 부품이 아니기 때문에 수명이 짧다. 특히 사용하는 고무 부트가 싸구려여서 부트의 내구성이 정품의 절반 정도에 불과하다. 그저 싼 맛에 쓰게 되는 것인데, 싼 게 비지떡이라는 말을 절감하게 되곤 한다.

후륜 구동차의 구동축

프린스나 포텐샤, 엔터프라이즈 같은 후륜 구동차는 앞쪽에 있는 변속기와 뒤쪽에 있는 종감속 기어 사이에서 동력을 전달하는 긴 구동축이 있다. 차 바닥 밑으로 구동축이 지나가기 때문에 후륜 구동차의 뒷좌석 바닥 중간에는 특히 불룩 튀어나온 곳이 있다. 전륜 구동차에도 뒷좌석 바닥 중간에 높이 튀어나온 곳이 있지만, 그것은 배기관이 지나가는 공간으로 후륜 구동차에 비하면 훨씬 낮다.

구동축은 고속 주행 중 엔진 회전수와 같은 수준으로 회전하므로 회전 밸런스가 잘 잡혀 있어야 한다. 회전 밸런스가 어긋나 있으면 주행할 때 진동이 발생한다. 고속 주행 중 100km/h 부근에서 차 전체가 심하게 진동하면 구동축의 밸런스를 의심해 볼 만하다.

비포장 도로를 주행하다가 속이 빈 강관鋼管으로 만들어진 구동축이 돌부리에 찍혀 꺾여도 회전 밸런스가 어긋난다.

포텐샤는 구동축이 이등분된 채 중간이 차체에 베어링을 통해 지지되어 있다. 이 베어링이나 베어링 지지부가 고장나도 구동축에서 진동이 발생한다.

3 브레이크

브레이크는 자동차에서 매우 중요한 부분 중의 하나다. 안전 운행과 직결되는 만큼 운전자는 브레이크의 고장이나 소리에 민감하게 반응한다. 브레이크를 밟으면 페달에 진동이 느껴지거나 편제동이 걸린다든지, 제동할 때 쇳소리가 나거나 제동력이 부족한 경우가 있다. 또 주차 브레이크 레버가 느슨해져서 비탈진 곳에서 차가 굴러 내려갈 수도 있다. 브레이크 페달이 뻑뻑해서 페달을 평상시보다 세게 밟아야 차가 멈추는 경우도 있다.

01 제동할 때 페달에 진동이 느껴진다
진동은 브레이크 디스크가 가열되면 더욱 뚜렷해진다

제동을 위해 브레이크 페달을 밟으면 페달에서 "드르르" 하는 진동이 발생하는 차가 있다. 브레이크 페달에서 진동이 발생하면 스티어링 휠과 차체까지 울리기도 한다. 이는 브레이크 디스크나 드럼이 변형되었기 때문이다.

브레이크 디스크나 드럼이 변형되었을 때 나타나는 현상은 ABS가 장착된 차에서 ABS가 동작할 때 브레이크 페달에 미약하게 진동이 전달되어 오는 것과는 전혀 다르다. 고속으로 달릴 때에 브레이크를 사용하거나 긴 내리막에서 브레이크를 자주 사용해서 브레이크 온도가 올라갔을 때에 두드러지게 나타난다. 심한 경우에는 스티어링 휠이 너무 떨려서 제대로 조작하지 못할 정도까지 되기도 한다. 진동은 바퀴 1회전에 한 번 꼴로 나타난다.

ABS에서 발생하는 진동이 브레이크 강도를 조절해서 제동 거리를 단축시키는 것과 달리, 브레이크 디스크나 드럼이 변형되어 발생하는 진동은 브레이크 패드가 꽉 눌리는 것을 방해하므로 제동력을 감소시킨다. 아울러 앞바퀴에 연결된 스티어링 휠을 진동시켜 운전자의 조작 능력을 떨어뜨린다. 바퀴가 회전하면서 전체적으로 고르게 제동력이 걸리는 것도 방해해서 타이어에 불균등 마모를 일으키기도 한다.

브레이크 디스크는 두께 2cm가 넘는 육중한 철물이라서 망치로 두드려도 휘지 않는다. 이러한 디스크가 변형되는 원인은 불균등한 열팽창 때문인 것으로 생각된다. 제동 마찰열로 달궈진 브레이크에 찬물을 부으면 일부만 냉각되면서 수축하기 때문에 높은 응력(변형력)이 발생해 디스크가 영구적으로 휜다. 특히 세차장에서 휠

브레이크 디스크는 두께 2cm가 넘어서 망치로 두드려도 휘지 않는다. 이러한 디스크가 변형되는 것은 불균등한 열팽창 때문인 듯하다.

세척을 한다고 아직 뜨거운 브레이크에 찬물을 잔뜩 끼얹으면 십중팔구 디스크가 변형된다.

이런 실수를 하지 않아도 디스크가 잘 변형되는 차종이 있다. 크레도스와 세피아, 슈마는 수천km만 타고 다녀도 브레이크 디스크가 휘어 브레이크 페달에 진동을 발생시키는 것으로 악명이 높다.

일단 변형된 브레이크 디스크는 원상태로 편편하게 펼 수가 없다. 그래서 표면을 매끈하게 깎아 내는 가공을 하거나 아예 새 것으로 바꿔야 한다. 승용차용 브레이크 디스크는 개당 1만 원쯤으로 그리 비싸지 않아 신품으로 교체하는 것이 일반적이다. 새 부품을 구하기 힘든 최신 차종이나 희귀 차종, 외제 차의 경우에는 전용 가공기로 브레이크 디스크를 매끈하게 깎을 수 있는데, 가공기를 갖춘 정비소가 아주 드물다. 깎아서 표면을 다듬는 경우에 너무 많이 깎으면 강도가 낮아지는데, 브레이크 디스크 뒤편에 각인된 허용 최소 두께(MIN. THICKNESS)까지 깎였으면 더 쓰지 말아야 한다.

대형 트럭의 브레이크 드럼은 덩치가 커서 부품 가격이 매우 비싸기 때문에 깎아서 재사용하는 방법이 보편화되어 있다.

변형된 브레이크 디스크는 원상태로 펼 수가 없기 때문에, 표면을 매끈하게 깎아 내거나 아예 새 것으로 바꾸어야 한다.

02 | 편제동
편제동은 주행 안정성을 떨어뜨리므로 매우 위험하다

편제동은 브레이크가 네 바퀴에 고르게 듣지 않고 어느 특정 바퀴에만 강하게 듣는 현상이다. 브레이크의 역할은 운전자가 원하는 대로 자동차의 속력을 줄이거나 멈추는 것뿐 아니라 자동차의 자세를 안정되게 유지하면서 제동시켜 주는 것도 포함된다. 브레이크만 밟았다 하면 옆 차를 들이받을 듯이 휙 쏠리는 차를 운전한다면 위급한 상황이 닥쳐도 마음놓고 브레이크를 꽉 밟을 수 없기 때문에 편제동이 발생하는 브레이크는 위험하다.

편제동은 휠 얼라인먼트(wheel alignment; 차륜 정렬)가 어긋나서 발생하는 경우가 많다. 휠 얼라인먼트는 바퀴가 차체에 장착된 각도를 미세 조정하는 작업이다. 대충 만들어도 문제가 없는 어린이용 세발자전거와 달리 자동차는 고속으로 주행하므로 높은 안정성이 요구되는데, 휠 얼라인먼트 각도가 어긋나면 주행 안정성이 떨어진다. 휠 얼라인먼트를 조정하기 위해서는 네 개 바퀴의 각도를 정밀하게 계측할 수 있는 천만 원대의 값비싼 장치가 필요하므로 휠 얼라인먼트 작업이 가능한 카 센터는 많지 않다.

편제동

휠 얼라인먼트 측정. 각 바퀴에 부착된 광선식 각도 센서가 서로 각도를 측정한다.

휠 얼라인먼트 작업은 비용이 4만 원에서 6만 원쯤 한다. 큰 사고를 겪어 차체가 틀어지거나 해서 변형이 생긴 차량이라면 휠 얼라인먼트 작업을 하기 전에 사고 내용을 설명해 주어야 기사가 그 사실을 감안해서 조정할 수 있다.

휠 얼라인먼트 외에 편제동이 발생하는 원인으로는 좌우 타이어 공기압이 다른 경우가 있다. 좌우 타이어 공기압이 다르면 접지 면적도 달라지고 지면에 대한 마찰력도 서로 다르기 때문에 제동력이 좌우 동일하게 작용하지 않으므로 편제동이 발생한다.

휠 얼라인먼트나 타이어 공기압이 정상인데도 편제동이 발생한다면 좌우 제동력이 균등하게 걸리지 않아서일 수도 있다. 브레이크 패드를 양쪽에서 눌러 브레이크 디스크에 압착시켜 주는 캘리퍼는 브레이크 작동에 맞춰 미세한 거리를 매끈하게 왕복해야 한다. 캘리퍼의 움직임을 윤활해 주는 부분은 주름 고무로 보호되어 있는데, 주름 고무가 찢어지거나 벗겨지면 빗물이 스며들어 윤활 부분을 녹슬게 해서 캘리퍼의 매끄러운 움직임을 방해한다. 따라서 이러한 현상이 발생한 부분의 브레이크가 잘 듣지 않게 되어 편제동이 발생한다.

좌우 타이어의 공기압이 다른 경우에도 편제동이 일어난다.

03 제동할 때 쇳소리가 난다
브레이크 패드에는 마모를 알리는 소음 발생 장치가 있다

브레이크를 밟을 때 기분 나쁜 쇳소리가 들리는 것은 패드 재질이 너무 단단하기 때문이다. 단단한 패드는 고온에서도 페이드 현상을 일으키지 않고 수명도 길지만 소음을 일으키는 것은 피할 수 없다. 어떤 패드가 단단한 제품인지는 사용해 보기 전까지는 알 수 없다. 적어도 자동차 메이커 순정품 패드는 소음을 일으키지 않는다.

패드 재질과 무관하게 쇳소리를 내는 브레이크도 있다. 이것은 주로 패드를 교환할 때 패드 뒤쪽에 대어져 있는 안티스퀼 심(anti-squeal shim)을 재장착하는 것을 빼먹었기 때문이다. 안티스퀼 심은 패드 비슷한 모양의 얇은 철판인데 제동할 때 브레이크 패드의 고주파 진동을 억제해서 듣기 싫은 쇳소리를 내지 않도록 하는 부품이다. 없어도 브레이크의 성능에는 지장이 없다. 하지만 장착되었다고 해서 성능을 떨어뜨리는 것도 아니므로 굳이 없앨 필요는 없다.

안티스퀼 심은 별로 중요해 보이지 않으므로 정비소에서 브레이크 패드를 교체할 때 헌 패드와 함께 버리는 경우가 종종 있다. 특히 패드 분진으로 더럽혀진 헌 패드는 잘 살펴보지 않으면 뒤편에 안티스퀼 심이 덧대어진 것을 모른 채 그냥 버려지곤 한다. 부품 가게에서 사 온 새 브레이크 패드에는 안티스퀼 심이 없다. 안티스퀼 심은 헌 패드에서 떼어 재사용하도록 되어 있기 때문이다.

안티스퀼 심이 끼워져 있는데도 브레이크에서 시끄러운 소리가 난다면 시판되는 소음 억제제를 발라 보는 것도 한 가지 방법이 된다. 소음 억제제는 안티스퀼 심과 패드 뒷면 사이에 발라져서 안티스퀼 심의 고주파 진동 흡수 작용을 증진시킨다. 현재 시판되는 것에는 각종 접착제로 유명한 록타이트LOCTITE 사의 제품이 있다.

패드 진동으로 발생하는 소음과 다른 종류의 소음도 있다. 브레이크를 밟지 않았을 때나 살짝 밟았을 때 발생하는 "서걱서걱" 하는 쇳소리는 브레이크 패드가 거의 다 닳았음을 나타내는 신호다. 이 소리는 운전자로 하여금 정비소로 가서 "패드에서 소리가 나는데요"라고 말하도록 해서 정비사가 패드가 거의 다 닳았다는 것을 발견할 수 있도록 해 놓은 '신호'다. 이러한 목적으로 패드 모퉁이에는 구부러진 작은 철판이 용접되어 있다. 패드가 거의 다 닳으면 이 철판이 회전하는 브레이크 디스크와 접촉해 "서걱서걱" 하는 쇳소리를 낸다. 이 철판 조각은 탄성이 있기 때문에 브레이크 디스크를 심하게 긁지 않으면서 소리만 낸다.

만일 운전자가 이 소리를 무시하고 1,000km 이상 계속 브레이크를 사용하면 패드가 완전히 마모되고 패드 뒤판이 브레이크 디스크를 심하게 긁어 나중에는 디스크까지 교환해야 할 지경에 이른다.

브레이크 패드가 마모되면 브레이크 디스크와 접촉해서 신호음을 내는 마모 인티메이트.

일시적으로 소리가 발생하는 경우 중에는 비가 내리는 날 차를 하루 이상 주차시킨 뒤에 출발하면 100m 정도 주행할 때까지는 브레이크를 밟을 때마다 미약하게 "서걱서걱" 소리가 나는 때가 있다. 이것은 브레이크 디스크 표면에 생긴 녹이 떨어져 나가면서 내는 소리다. 브레이크 디스크가 잘 들여다보이는 휠을 장착한 차에서는 얼마 동안 주차시킨 다음 디스크 여기저기에서 발생한 붉은 녹을 볼 수 있다.

브레이크 디스크의 녹은 비가 내려 공기 중의 습도가 높으면 잘 발생한다. 또 세차장에서 물을 뿌리며 닦다 보면 몇 분 안에 디스크에 녹이 슬 정도로 그 반응이 빠르다. 그러나 디스크에 발생하는 녹은 제동력이나 디스크 수명에 영향을 주지 않는다. 브레이크 디스크는 두께 20mm 이상의 육중한 부품이기 때문에 표면에 얇게 녹이 생기는 일이 수백 번 되풀이돼도 두께가 감소하는 양은 아주 적기 때문이다.

브레이크 디스크에 녹이 발생하는 것은 값싼 소형차이기 때문이 아니다. 고가의 외제 차도 브레이크 디스크에 녹이 스는 것은 어쩔 수 없다. 브레이크 디스크는 주철(cast iron)로 만든다. 주철은 내마모성이 좋고, 주형에 부어 브레이크 디스크같이 복잡한 형상을 만들어 내기 쉬우며, 재료비도 싸기 때문에 브레이크 디스크로서 더할 나위 없이 좋은 재료다. 주철은 녹이 빨리 생기지만 심층부로 진행하는 속도는 매우 느리기 때문에 표면에 아무런 코팅을 할 수 없는 브레이크 디스크로 사용하기에 적당하다. 만일 일반 탄소강이라면 1년도 못 되어 속까지 녹슬어서 바스러졌을 것이다.

공장에서 출고된 새 차의 탁송 기사로 일하는 사람의 말을 들어 보면 새 차를 배달했더니 왜 '여기'에 녹이 슬어 있냐고 항의하는 손님이 있었다고 한다. '여기'란 브레이크 디스크였다. 그 날은 비가 오는 날이었고, 목적지에 차를 세워 놓고 손님을 부르러 간 사이에 습기 때문에 브레이크 디스크에 녹이 슨 것이었다. 그 손님은 이 차는 부품에 녹이 슬어 있는 것으로 보아 새 차가 아니라 낡은 재고차가 틀림없다고 거세게 항의했다고 한다.

브레이크 디스크에 녹이 나는 것은 재료가 주철이기 때문이다. 주철은 겉에는 녹이 빨리 생기지만 그 다음 진행 속도는 매우 느리기 때문에 표면에 아무런 코팅을 할 수 없는 브레이크 디스크로 사용하기에 적당하다.

04 | 제동력 부족
패드나 라이닝을 교체하면 길들이기 전까지는 제동력이 약하다

브레이크 페달을 힘껏 밟아도 바퀴 회전이 잘 멈추지 않는 차를 "브레이크가 밀린다", "제동력이 부족하다"라고 한다. 요즘에는 진공식 브레이크 부스터가 국민차급에까지 장착되기 때문에 이런 말은 옛날 포니급의 클래식 카에서나 통하는 이야기가 되었다. 그래도 모든 것이 정상이 아니라면 제동력이 부족해지는 경우가 있다.

브레이크 페달을 밟을 때 차량 속력에 변화가 없이 페달만 푹 들어가는 구간이 길어지는 것은 브레이크 계통 중에 공기가 들어갔기 때문이다. 브레이크는 브레이크액의 압력으로 패드와 라이닝을 작동시키는데, 계통 중에 공기 방울이 들어가면 브레이크 페달을 밟아도 공기 방울만 압축되므로 패드나 라이닝에는 힘이 걸리지 않는다. 그래서 브레이크 계통에는 공기 방울이 들어가서는 안 된다. 브레이크 계통에 공기가 많이 들어가면 브레이크가 전혀 듣지 않는 경우도 있다. 이 정도까지는 아니더라도 소량의 공기라도 들어가면 브레이크 페달이 처음 얼마 동안은 힘없이 밟히게 되므로 실제 브레이크를 힘있게 밟을 수 있는 거리가 줄어든다. 또 페달이 바닥에 닿을 때까지 밟았다고 해도 브레이크 패드나 라이닝이 브레이크 디스크나 드럼에 충분히 밀착되지 않은 상태가 된다.

이처럼 브레이크 계통에 문제를 일으키는 공기라도 자연적으로 들어가는 것은 아니므로 평상시에는 별도로 공기 빼기에 신경 쓸 필요가 없다. 브레이크액을 교환하느라 브레이크 계통에 공기가 들어갈 일이 있었거나, 브레이크액이 극히 부족한 상태에서 브레이크를 밟아서 브레이크액 대신 공기가 흡입되었을 경우에는 공기 빼기를 해 줘야 한다. 공기 빼기는 조수가 브레이크 페달을 밟아

압력을 걸어 준 상태에서 정비 기사가 각 바퀴의 브레이크에 있는 배출 나사를 조금 열었다 닫아서 공기 방울이 섞인 브레이크액을 빼 버리면 된다.

제동력 부족 현상이 일어나는 다른 경우는 브레이크 패드나 라이닝을 신품으로 바꾼 뒤 나흘 이내다. 이 기간은 신품 브레이크 패드나 라이닝이 차에 장착된 디스크나 드럼의 굴곡에 맞춰 길들여지며 마모되는 시간이다. 브레이크 디스크나 드럼은 신품일 때는 표면이 거울처럼 매끈하지만 사용 중에 마모되면서 표면에 굴곡이 생긴다. 사용 중이던 패드나 라이닝은 늘 같은 위치에서 마찰되므로 디스크나 드럼에 생긴 굴곡에 맞춰 패드나 라이닝에도 반대 모양의 굴곡이 생기는 상태로 마모가 진행된다.

이 상태에서 표면이 매끈한 새 패드와 라이닝을 사용하면 브레이크 디스크나 드럼의 굴곡 때문에 굴곡의 돌출 부분에만 접촉하게 되어 마찰 면적이 적어지기 때문에 예전과 같은 힘으로 패드나 라이닝을 밀어붙이더라도 제동력이 감소한다. 이 상태에서 차를 나흘쯤 사용하면 정상적인 제동력을 회복할 수 있다. 이 기간에는 브레이크 패드에서 연기가 날 정도로 브레이크를 심하게 장시간 혹사시켜서는 안 된다. 신품일 때 접촉되는 부분만 과열로 경화되면 디스크나 드럼의 굴곡에 맞춰 마모되는 속도가 급속히 낮아지면서 길들이기 기간이 길어진다.

어이없을 정도로 제동력이 감소하는 원인 중에는 잘못된 정비로 인해 브레이크가 과열되기 때문인 경우도 있다. 뒷바퀴 브레이크가 드럼식인 차종은 브레이크 라이닝이 마모되면 자동적으로 라이닝의 대기 위치를 조금 앞으로 설정해서 드럼과 라이닝의 간격을 일정 범위 안으로 유지시키는 자동 간극 조정 장치가 있다. 자동 간극 조정 장치가 없으면 라이닝이 마모될수록 브레이크 페달을 더 깊이 밟아 줘야 라이닝이 드럼에 접촉하게 되므로 같은 깊이로 브레이크 페달을 밟더라도 제동력이 감소할 것이다(가끔 자동 간극 조정 장치가 굳어서 동작하지 않는 차에서 이렇게 제동력이 감소하는 경우가 있다).

자동 간극 조정 장치는 마모에 따라 라이닝을 전진시킬 뿐, 후진시키는 기능은 없다. 브레이크 라이닝을 새로 교환하거나 정비하면서 라이닝의 대기 위치를 너무 전진시켜 놓은 뒤 드럼을 장착하면 브레이크를 밟지 않아도 라이닝이 드럼에 늘 접촉하면서 브레이크가 걸리는 상태로 주행하게 된다. 따라서 그냥 주행하기만 해도 마찰이 일어나고 브레이크 온도가 속수 무책으로 올라간다. 이런 경우에 차를 세우고 뒷바퀴 휠을 만져 보면 손을 댈 수 없을 만큼 과열되어 있다.

브레이크가 과열되면 페이드(fade)현상에 의해 마찰재의 마찰 계수가 급격히 감소하므로 브레이크를 세게 밟아도 누가 브레이크에 기름칠을 해 놓은 것처럼 차의 속력이 잘 줄어들지 않는다.

주차 브레이크 레버에 유격이 없는 차는 주차 브레이크를 최대한 풀어 놓은 상태에서도 주차 브레이크 케이블이 조금 당겨져 있어 브레이크 라이닝과 드럼이 접촉한 상태로 주행하게 되는데, 이런 경우 또한 과열에 의해 제동력이 줄어든다. 주차 브레이크 레버는 처음 두세 칸 정도는 힘없이 올라올 정도의 유격이 있어야 레버를 내렸을 때 뒷브레이크 라이닝과 드럼이 완벽하게 분리된다.

05 | 주차 브레이크 레버가 느슨하다
주차 브레이크의 유격은 너무 적어도 문제가 발생한다

주차 브레이크 레버를 한참 잡아당겨도 별로 힘이 걸리지 않는 차는 비탈길에 주차했을 때 차가 밀려 내려갈 위험이 높다. 빈 차일 때는 괜찮지만 트렁크에 짐을 가득 실으면 주차 브레이크가 차를 고정시키지 못하고 밀려 내려갈 수가 있다. 이처럼 주차 브레이크 레버가 제대로 힘을 받지 못하고 헐렁한 것은 조정하면 된다.

주차 브레이크 레버 조작력은 차에 따라 다르지만 20kg 정도다. 20kg이라면 가정용 VTR 다섯 대를 한 손으로 들어올릴 만큼 큰 힘이다. 주차 브레이크는 비상 작동할 경우에 신뢰성 확보를 위해 부스터(배력 장치)를 사용하지 않고 직접 힘을 전달하므로 작동력이 이처럼 커질 수밖에 없다.

주차 브레이크 레버를 당기는 힘은 와이어 케이블을 통해 뒷바퀴 브레이크로 전달된다. 1930년대의 자동차들은 주브레이크에도 케이블 방식을 사용했는데, 케이블이 이곳 저곳으로 연결될 때 연결부의 마찰 때문에 힘을 많이 빼앗겨, 운전자가 브레이크를 세게 작동시켜도 실제 각 바퀴까지 전달되는 힘은 매우 적었다. 요즘의 자동차는 모두 브레이크액의 압력을 이용해서 마찰 손실을 거의 없앤 유압식 브레이크(hydraulic brake)로 바뀌었지만, 유압식 브레이크 장치는 주차 브레이크로서 적당하지 않다. 오래 주차해 두면 브레이크액이 서서히 새면서 제동력이 감소된 자동차가 저절로 굴러갈 위험이 있다. 그래서 주차 브레이크는 별도로 설치된 와이어 케이블을 사용한 기계식으로 구성한다.

주차 브레이크 레버에 연결된 와이어 케이블이 너무 느슨하면 레버를 최대한 잡아당겨도 케이블이 충분히 당겨지지 않는다. 케이블 길이 조정 장치는 실내 주차 브레

주차 브레이크 레버를 당기는 힘은 와이어 케이블을 통해 뒷바퀴 브레이크로 전달된다. 따라서 와이어 케이블이 너무 느슨하면 주차 레버를 당겨도 충분히 당겨지지 않는다.

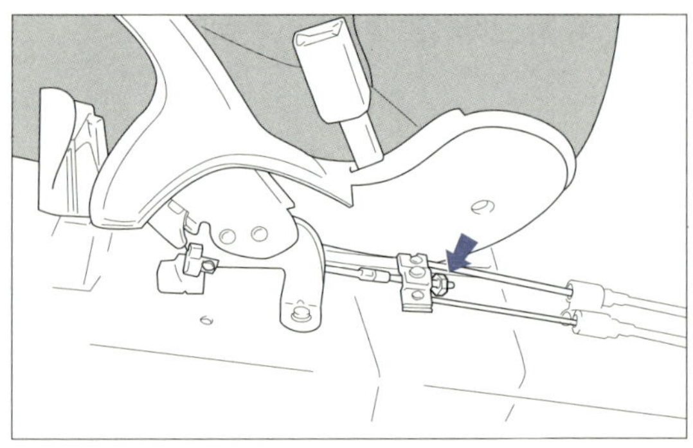

이크 뒷부분에 숨겨져 있다. 센터 콘솔 박스가 있는 차종
은 콘솔 박스 내부 통을 들어올리면 밑에 조정 나사가 보
인다. 조정 나사는 잼 너트(jam nut)방식으로 너트 두
개가 함께 물려 있는데, 조정할 때는 고정용 너트를 풀고
조정 너트를 돌려 와이어를 적당한 길이로 맞춘 뒤에 고
정용 너트를 그 위에 꽉 죄어 주면 너트 사이의 마찰로
인해 조정 너트가 풀리지 않게 된다. 조정한 뒤에 고정용
너트를 죄어 주는 것을 잊으면 주차 브레이크를 사용할
때마다 조정 너트가 조금씩 풀린다.

주차 브레이크의 와이어는 팽팽할수록 좋은 것이 아
니다. 주차 브레이크 레버가 처음 두세 칸 올라올 때까지
는 힘을 받지 않도록 유격이 있어야 한다. 유격 없이 팽
팽하게 죄어 두면 뒷브레이크가 늘 걸려 있는 상태가 되
어 브레이크 과열의 원인이 된다.

중형차 이상에서 뒷바퀴 브레이크가 디스크 방식으로
된 차종은 속에 주차 브레이크 전용 소형 드럼 브레이크
가 내장되어 있다. 디스크 브레이크는 제동에 큰 힘이 필
요하기 때문에 운전자의 약한 손 힘으로도 강한 제동력
을 발생시켜 주는 드럼 브레이크를 추가한 것이다. 주차
전용 드럼 브레이크는 간단한 구조로 되어 있어서 라이
닝의 자동 간극 조정 장치도 없다. 바퀴가 회전하는 상태
에서 작동되는 것이 아니므로 라이닝이 마모되지 않기

때문에 처음에 메이커에서 수동으로 간격을 맞춰 주면 충분하다.

주차 전용 드럼 브레이크가 사용된 차종에서는 실수로 주차 브레이크를 채운 채 수km 이상 장거리를 주행해서 라이닝이 많이 마모되면 주차 브레이크 레버를 많이 올려야 주차 브레이크가 든다. 이 경우에는 실내에서 와이어 길이 조정만 해서는 안 되고 뒷바퀴 드럼 브레이크에 있는 점검용 플라스틱 마개를 열고 라이닝과 드럼 사이의 간격을 수동으로 새로 맞춰 줘야 한다. 이때도 라이닝과 드럼 간격을 무리하게 좁히면 주행 중 브레이크가 걸린 상태로 될 수 있다.

반면 주차 브레이크 전용 라이닝을 새로 설치한 뒤에는 주차 브레이크를 채우고 저속으로 500m쯤 주행해서 새 라이닝이 드럼의 표면에 맞게 마모되도록 하는 길들이기 작업이 필요하다. 길들이기 작업을 하지 않으면 주차 브레이크의 고정력이 약해서 주차 브레이크를 채워도 언덕길에서 차가 쉽게 굴러 내려간다.

주차 브레이크 전용 라이닝을 새로 설치한 뒤에 주차 브레이크 길들이기를 해 주어야 한다. 그렇지 않으면 주차 브레이크 고정력이 약해서 주차 브레이크를 채워도 언덕길에서 차가 쉽게 굴러 내려간다.

06 | ABS 경고등이 들어온다
ABS에 문제가 생겨도 일반 브레이크 기능은 그대로 작동한다

계기판에 있는 ABS 경고등은 ABS(Antilock Brake System) 장치가 자기 진단한 결과, 문제를 발견했을 때 켜진다. ABS 장치는 고도의 자기 진단 기능을 갖추고 있어서 오동작의 위험성을 낮추어 준다. 특히 ABS가 오동작하면 제동력 감소나 방향 안정성 상실이라는 중대한 결과를 가져올 수 있어서 자기 진단 결과 조금이라도 문제가 있으면 ABS 경고등이 들어오면서 ABS 기능만 빠진 일반 브레이크로 작동하게 된다.

ABS는 자기 진단 기능을 갖추고 있어 오동작의 위험성이 낮다.

ABS 경고등이 켜지면 ABS 컴퓨터는 자기 진단 결과 코드를 기억한다. 정비소의 휴대용 컴퓨터로 진단 코드를 읽어 내면 어떤 문제로 인해 경고등이 켜졌는지 알 수 있다. 물론 이 경우도 문제가 있다고 보고된 센서만 갈아 끼우면 간단히 문제가 해결되는 경우만 있는 것은 아니다. 예를 들어 바퀴 속도를 계측하는 휠 센서(wheel sensor)에 이상이 있는 것으로 보고되면, 센서 자체의 문제일 수도 있지만 센서가 너무 멀리 장착되어 펄스 휠의 회전을 감지할 수 없어서 그럴 수도 있다. 간단히 센서 위치만 좀 당겨 고정해 주면 될 것을 값비싼 센서 전체를 교환하는 실수를 범할 수 있다는 이야기다.

ABS는 자기 진단을 위해 일시적으로 브레이크 장치를 작동시킨다. 시동 걸고 처음 출발해서 4km/h가 되면 ABS 밸브를 작동시키면서 제대로 결과가 나타나는지 확인하는데, 이 때 운전자가 브레이크 페달을 가볍게 밟고 있으면 짧게 "드륵" 하는 ABS 밸브의 작동에 따른 느낌을 받을 수 있다.

07 | 브레이크 페달이 뻑뻑하다
부스터가 고장나면 페달을 세게 밟아야 차가 멈춘다

현재 시판되는 모든 승용차에는 브레이크 부스터가 달려 있다. 대형 트럭과 버스는 부스터를 사용하는 대신 더욱 강력한 압축 공기식 브레이크를 사용하는데, 브레이크 페달에서 발을 뗄 때 압축 공기가 배출되는 "쉭" 소리가 들린다. 브레이크 부스터는 가솔린 엔진에서는 흡입 행정에서 엔진이 빨아들이는 힘으로 형성된 진공을 이용하고, 디젤 엔진에서는 발전기 뒤에 부착된 진공 펌프에서 만드는 진공을 이용한다. 이 진공으로 피스톤을 빨아당기는 힘을 제어해서 운전자가 그냥 브레이크 페달을 밟는 것보다 두 배 이상 큰 힘을 더해서 브레이크를 강력하게 밟아 준다.

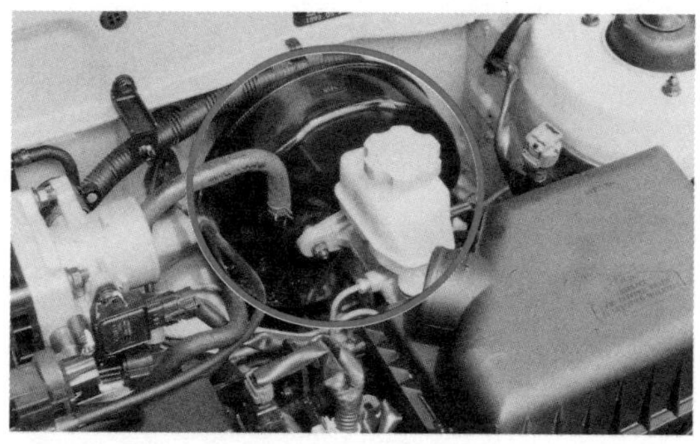

진공식 브레이크 부스터 (오른쪽 검정색)와 브레이크 마스터 실린더. 브레이크 부스터가 내는 힘은 곧장 브레이크 마스터 실린더를 누르는 데 사용된다.

엔진 시동을 끄고 브레이크 페달을 밟아 보면 처음 한 번은 평상시와 같이 부드럽게 밟히지만 여러 번 밟으면 자꾸 페달이 딱딱해지고 거의 들어가지 않게 된다. 처음에는 부스터에 저장된 진공이 배력倍力 작용에 사용되지만 다섯 번 이상 브레이크를 밟아 진공을 다 소진시키면 부스터 없이 그냥 브레이크를 밟게 되므로 평소보다 세 배 이상 강한 힘으로 브레이크 페달을 밟아야 평상시와 같은 제동력을 낼 수 있다.

　서행 중 브레이크를 밟을 때 브레이크가 비정상적으로 딱딱해지는 것은 브레이크 부스터에 진공을 저장하는 체크 밸브check valve가 새기 때문이다. 브레이크 부스터와 진공 발생 장치 사이에는 단방향單方向 체크 밸브가 있어서 엔진이 왕성하게 작동해 진공이 강하게 발생할 때는 브레이크 부스터와 진공 발생 장치 사이의 호스를 열고, 엔진이 천천히 회전해서 진공 상태가 약하면 호스를 닫아 브레이크 부스터의 진공이 진공 발생 장치 쪽으로 희석되는 것을 방지한다.

　체크 밸브가 새면 브레이크 부스터의 진공이 희석되기 때문에 최고의 진공도眞空度를 유지하지 못하고, 상황에 따라서는 부스터의 작동이 약해진다. 체크 밸브는 플라스틱으로 만든 간단한 밸브로서 브레이크 부스터로 연결되는 진공 공급 호스 중간에 끼워져 있다.

08 | 브레이크 경고등이 켜진다
브레이크액이 부족해도 경고등이 들어온다

주차 브레이크 레버를 올렸을 때 계기판의 브레이크 경고등이 켜지는 것은 정상이다. 하지만 주차 브레이크를 올리지 않았을 때도 점등하는 것은 브레이크 장치에 문제가 생긴 것이다. 즉 브레이크액이 부족한 경우다. 엔진 룸에 있는 브레이크액 저장통에는 액면液面 센서가 있어서 브레이크액 액면이 너무 낮아지면 브레이크 경고등을 점등시킨다. 브레이크액 액면이 너무 낮으면 브레이크 작동 중 공기 방울이 빨려 들어가서 제동력을 떨어뜨릴 우려가 있다.

브레이크액이 부족할 때는 특히 차가 멈출 때 관성으로 브레이크액이 앞으로 쏠리면 센서 부분의 액면이 낮아지면서 일시적으로 경고등이 켜지는 경우가 많다. 브레이크액이 부족할 경우 무작정 브레이크액을 보충해 주기 전에 브레이크 패드가 너무 많이 마모된 것은 아닌지 확인해 봐야 한다. 브레이크 패드가 마모되면 브레이크 캘리퍼의 피스톤이 앞으로 나가 있으므로 브레이크액이 캘리퍼 쪽으로 몰려서 엔진 룸에 있는 저장통의 액면이 낮아지기 때문이다.

이 경우에 수명이 다한 브레이크 패드를 교환하면서 캘리퍼의 피스톤을 뒤로 밀어넣으면 브레이크액이 엔진 룸의 저장통으로 원위치해서 액면이 정상으로 돌아온다. 브레이크 패드가 심하게 마모된 것도 아닌데 브레이크액 저장통의 액면이 낮다면 브레이크액이 부족한 것이므로 최고선(MAX) 이하로 보충해 준다. 브레이크액은 절대 소모되는 액체가 아니므로 브레이크액이 자꾸 줄어든다면 어디에서 새고 있는 것이다.

브레이크 경고등에 불이 들어오는 또 다른 경우는 EBD 기능에 문제가 생겼을 때다. ABS가 장착된 차량

브레이크액이 부족할 때는 차가 멈출 때 관성으로 브레이크액이 앞으로 쏠리면 센서 부분의 액면이 낮아지면서 일시적으로 경고등이 켜지는 경우가 많다.

중에서 신형 차량에는 EBD(Electronic Brake force Distribution; 전자식 제동력 배분 제어) 프로그램이 적용된 것이 있다. EBD는 심하게 제동할 때 차가 앞으로 기울어짐에 따라 뒷바퀴가 받아 줄 수 있는 제동 능력이 시시각각 감소되며 뒷바퀴 방향 안정 능력이 상실됨에 따라 차체 자세가 불안정하게 되는 현상을 억제해 준다. 급한 제동에서 EBD는 ABS 장치의 일부를 작동시켜 뒷바퀴가 받아 줄 수 있는 만큼의 제동력만 뒷바퀴로 가도록 뒷브레이크 능력을 하향 조정한다. EBD가 없는 차량은 브레이크 파이프 중간에 배치된 기계식 프로포셔닝 밸브(proportioning valve)가 EBD가 하는 것처럼 뒷바퀴의 제동력을 조절해 주는데, EBD에 비해 뒷바퀴 제동력을 필요 이상으로 더 하향 조정하므로 전체적인 차량의 제동력이 떨어진다.

EBD 기능은 일부 덜 중요한 ABS 부품의 고장이 감지되어 ABS 기능(앞바퀴 제동력 제어를 포함)이 멈췄을 때도 살아 있다. 이 때 계기판에는 ABS 경고등이 들어온다. ABS 컴퓨터가 좀 더 심각한 고장을 감지하면 EBD 기능도 작동을 멈춘다. 이 때 계기판에는 ABS 경고등과 함께 브레이크 경고등이 들어온다. EBD 기능이 작동하지 않으면 뒤쪽에 짐을 적게 실은 상태에서 좀 강하게 제동할 경우 뒷바퀴만 미끄러지면서 차가 움직이는 방향이 불안정해질 수 있으므로 급제동은 피한다.

EBD 기능이 작동하지 않으면 차가 움직이는 방향이 불안정해질 수 있으므로 급제동을 피해야 한다.

4 차체와 현가 장치

1970년대 이전에는 승용차 차체를 프레임 방식으로 만들었다. 승용차에 프레임 방식을 적용하면 차 바닥이 높아지고 무게가 늘어나는 문제가 생긴다. 프레임 방식 승용차가 사라진 지금은 차체 철판이 직접 힘을 받는 모노코크(일체구조형 프레임) 차체 구조가 퍼져 있다. 프레임 방식을 적용한 승용차는 천장을 잘라 내서 오픈 카를 만들어도 강성에 영향이 거의 없으나, 모노코크 방식 승용차는 천장을 잘라 내면 차 가운데 부분이 힘없이 꺾여 주저앉는다. 차체에 발생하는 고장의 양상은 외관에 생기는 손상(찌그러짐, 페인트 손상)과 서스펜션의 비정상적인 상태 등이다.

01 | 손상된 페인트 보수하기
가벼운 긁힘은 손수 칠할 수 있다

접촉 사고 때문이라든지 뭔가에 긁혀 페인트가 손상되면 어떻게 수리할 것인지를 결정해야 한다. 철판까지 긁히지 않고 그냥 페인트만 가늘게 긁힌 정도라면 아주 가까이에서 관찰하기 전에는 눈에 잘 띄지 않으므로 손대지 말고 내버려 두는 것이 좋다. 집에서 페인트 손상을 보수하면 원래 색깔과 조금 차이가 생기고 그 부위도 손상 부위보다 넓어지는데, 그렇게 되면 멀리서 보더라도 '어, 저 부분은 손 좀 봤네?'라고 금방 알아챌 수 있다.

아주 깨끗하게 보수하려면 전문 정비 공장에서 흠집이 있는 철판 패널 전체를 새로 칠하면 되지만 패널 하나에 10만 원쯤의 비용이 들어간다. 집에서 수리할 경우에 결과가 시원치 않을 듯하면 작은 흠집은 그냥 놔 두는 인내심이 필요하다.

페인트가 심하게 벗겨져서 눈에 아주 거슬리면 수리해 주는 것이 좋다. 페인트 밑의 철판이 드러날 정도로 깊이 패였으면 녹슬기 전에 보수 페인트를 발라 줘야 한다. 녹이 조금 슬었더라도 늦지 않았으니까 사포로 녹을 닦아 내거나 칼로 녹을 긁어 내고 보수 페인트를 바르면 된다.

차체 손상에 관해 말하다 보면 갓길에 트럭을 세워 놓고 "찌그러진 곳 펴 드립니다. 5분 완성-1만 원"이라고 현수막을 걸고 영업하는 사람들에 대한 이야기도 빼놓을 수 없다. 그 사람들이 작업하는 방식은 진공 흡판을 이용해서 찌그러진 철판을 밖에서 잡아당기는 것이다. 움푹 들어간 철판은 밖에서 당기면 웬만큼 원래 모양으로 돌아온다. 하지만 본래 모양으로 완벽하게 돌아오지는 않고, 주변에 꺾였던 자국이 남는다. 길거리에서 찌그러진 차를 고치는 사람들은 이 꺾였던 자국까지 손 대지는 못한다. 꺾였던 자국까지 펴려면 망치질을 해야 하고, 망치질을 하면 페인트가 떨어져 나오므로 새로 칠도 해야 한다. 그렇게 거창한 작업은 정비 공장에서나 하는 일이다.

찌그러진 철판을 펴 주기는 했으니까 수리비를 주긴 줘야 할 텐데, 깨끗하지 못한 결과를 보면 마음이 개운하지 못하다. 그나마 완만한 곡선 부위는 봐줄 만한 결과가 나오는데 장식 요철선이 잡혀 있는 철판은 요철선 부분에 꺾였던 자국이 집중되어 철판을 펴더라도 여전히 "여긴 사고 났던 부위요"라고 광고하는 것처럼 된다. 만 원이라는 말에 귀가 솔깃해서 찾아갔으면 만 원어치 이상의 마술은 기대하지 않는 것이 좋다.

보수용 페인트는 매니큐어처럼 작은 병에 마개 안쪽에 솔이 달린 소형 터치업touch-up 페인트와 스프레이 깡통에 들어 있는 대형이 있다.

매니큐어형 터치업 페인트는 한 줄로 긁힌 부분이나 조그맣게 까진 모서리를 칠하는 데 적합하다. 스프레이 깡통에 든 가정용 페인트는 넓은 면적에 뿌리는 데 적당하지만, 이런 스프레이식은 작업하기 전에 준비할 것이 많아 번거롭다.

차량 보수용
스프레이 페인트와
소형 터치업 페인트.
각각 5천 원과
2천 원 정도에
구입할 수 있다.

보수용 페인트는 두 자리의 알파벳 기호나 두 자리 숫자와 한 개의 알파벳으로 색상을 표기한다. 주의할 점은 우리가 흔히 말하는 '은색'이라도 다섯 종류 이상 있을 만큼 미세한 차이가 있으므로 눈짐작으로 색상을 고르지 말고 반드시 엔진 룸의 차량 명판에 각인된 페인트 기호에 맞는 보수용 페인트를 구입해야 한다는 것이다. 예를 들어 현대자동차의 은색은 'MW, OU, BX, SS, CS,……' 등 여러 가지다. 같은 은색이라도 엘란트라 은색, 그랜저 은색, EF 소나타 은색, 베르나 은색, 티뷰론 은색은 조금씩 다르다.

필요한 페인트의 양을 보면, 매니큐어형 터치업 페인트는 한 통으로 길이 2m 정도의 흠집을 칠할 수 있다. 터치업 페인트는 한 번 열어서 조금만 사용하는 경우가 많으므로 나중에는 굳어서 남은 것을 쓸 수 없게 되는 경우가 많다. 스프레이 페인트는 한 통으로 30×30cm 정도의 면적을 보수할 수 있다.

자동차 본체의 찌그러진 부분의 깊이가 3mm를 넘지 않으면 보디 필러(body filler; 자동차의 요철 부위를 메우는 데에 쓰는 회색 찰흙 같은 재료)로 메워서 평평하게 한 뒤에 페인트를 칠하면 감쪽같다. 찌그러진 부분이 깊을 때에 무리하게 다량의 보디 필러를 사용해 메우면, 날씨가 추울 때 보디 필러가 통째로 떨어져 나올 수 있다. 일부 카 센터에서는 접촉 사고 수리를 할 때 철판을 펴는 것이 귀찮아 보디 필러를 처바르고 페인트칠을 해서 덮어 버리기도 한다. 제대로 하려면, 망치나 전용 공구로 찌그러진 철판을 펼 수 있는 데까지 펴고, 보디 필러는 마지막 남은 잔주름을 메우는 정도로 써야 한다.

흔히 '빠데'라고 부르는 보디 필러는 큰 깡통에 들어 있는 업소용 폴리에스테르계와 본드처럼 튜브에 들어 있는 일반용 아크릴계가 있는데, 이 가운데 아크릴계는 폴리에스테르계와 달리 경화제硬化劑를 혼합할 필요가 없어 편리하다. 손상된 부분의 페인트를 #100 사포(번호가 낮을수록 거친데, #100이면 매우 거친 편이다)로 깨끗이 갈아 낸 뒤에 보디 필러를 조금 도톰하게 바른다. 이렇게 충분히 바르는 것은 보디 필러가 건조하면서 수축하기 때문이다. 여섯 시간 뒤에 속까지 마르면 #200 사포에 물을 적셔 가며 주변과 거의 평평해질 때까지 갈아 낸다. 연마할 때에 물을 적셔 주지 않으면 갈아 낸 부스러기가 사포 연마 입자 사이를 채워서 사포의 연마력이 급격히 떨어진다.

물기가 마르면 면장갑을 낀 손으로 표면을 세밀히 더듬어 높은 부분을 찾는다. 높은 부분을 중간 정도로 고운 #400 사포로 조심스레 갈아 낸다. 너무 많이 갈아 내면 새로 보디 필러를 덧칠한 뒤에 다시 갈아 내야 한다.

아무리 정성껏 한다 해도 아마추어의 솜씨는 아무래도 티가 난다. 중간 몰딩 아랫부분이나 천장 같은 곳은 금방 눈에 띄지 않는, 외관 등급이 떨어지는 부분이므로 손수 수리해서 조금 얼룩이 남더라도 별 문제가 없지만, 외관에 큰 영향을 미치는 부분(문의 중간 몰딩 윗부분, 엔진 후드, 트렁크 뚜껑)은 전문 공장에 맡기는 것이 좋다.

문 밑의 문턱 부분인 로커 패널(rocker panel)에 플라스틱 몰딩이 덧대진 차종이 아니라면 로커 패널 페인트칠은 하지 않는 것이 좋다. 플라스틱 몰딩이 덧대진 차종(예를 들어 마르샤, EF 소나타 2.0)은 플라스틱을 칠하는 방법에 따라 칠하면 되지만, 그냥 철판에 페인트칠이 된 차종은 특수 페인트층이 한 겹 더 들어가 있다. 이 특수 페인트층은 페인트의 내耐치핑성을 향상시키는 탄력 재질이다. 이 내치핑성 페인트를 밑에 칠하지 않은 상태에서 그냥 페인트를 칠해 버리면 주행 중 바퀴에서 튀는 모래나 자갈에 긁혀서 새로 칠한 페인트가 쉽게 벗겨진다. 치핑(chipping)은 주행 중 돌이나 모래가 휠 하우스 따위에 부딪치는 것을 말한다.

내치핑성 페인트는 시중에서 구입할 수가 없다. 자동

외관에 큰 영향을 미치는 부분인 문의 중간 몰딩 윗부분, 엔진 후드, 트렁크 뚜껑은 전문 공장에 맡기는 것이 좋다.

차체와 현가 장치

차를 수리하는 공업사에서도 이 페인트는 사용하지 않는다. 그래서 한번 찌그러져 보수한 로커 패널은 자갈 튄 자국이 금세 곰보처럼 생긴다.

페인트는 손상되었지만 철판이 찌그러지지 않았다면 보디 필러를 사용할 필요 없이 바로 페인트칠로 들어간다. 매니큐어형 터치업 페인트는 별다른 사전 작업 없이 곧장 바르면 된다. 페인트가 손상된 부분에 녹이 났다면 공작용 칼 끝으로 좁게 긁어서 녹을 완전히 없앤다. 어떤 터치업 페인트는 뚜껑에 녹 긁개용 간이 칼날이 부착된 것도 있다. 녹이 심해서 주변의 성한 페인트 밑으로 파고 들어갈 정도가 되면 터치업 페인트로 손 댈 정도는 넘어섰다. 그럴 때에는 사포로 말끔히 갈아 내고 스프레이 페인트를 써야 한다.

터치업 페인트건 스프레이 페인트건 잘 흔들지 않으면 색이 분리되므로 처음에 찍혀 나오는 진한 페인트도, 나중에 찍혀 나오는 흐린 페인트도 원래 색상과는 다른 색상으로 보이게 된다. 최소한 3분 이상 열심히 흔든 다음에 사용해야 한다.

칠할 때에는 붓에 최소한의 페인트만 묻혀 바른다. 많이 발라서 도톰하게 올라오면 덧칠한 부위가 강조되는 부작용이 있다. 한 줄로 긁힌 상처는 이쑤시개에 페인트를 찍어 바르면 한결 정밀하게 바를 수 있다.

사용한 터치업 페인트 병은 입구 주변을 깨끗이 닦아 내고 마개를 막는다. 특히 마개를 돌려 끼우는 나선 부분에 페인트가 묻어 있는 채로 마개를 닫으면 병과 마개가 꽉 붙어 버려 다시는 열 수 없게 된다.

스프레이 페인트 작업은 준비 과정이 좀 거창하다. 색상 스프레이 외에 프라이머(primer)가 필요하다. 프라이머는 밑바탕 철판 또는 플라스틱에 칠해 페인트 부착력을 증진시키는 역할을 한다. 프라이머를 바탕에 칠하지 않으면 보수한 페인트가 쉽게 벗겨진다. 특히 플라스틱에는 프라이머 사용이 필수적이다. 문제는 이것을 구입하기가 매우 어렵다는 것이다. 대부분의 자동차 용품점은 색상 페인트는 잘 갖춰 놓지만 프라이머는 그렇지 않다. 나는 철판용 프라이머 스프레이를 미국에 갔을 때에 대형 슈퍼마켓에서 구했고, 플라스틱용 프라이머 스프레이를 독일계 보수용 페인트를 수입하는 국내 총판 회사의 창고를 뒤져 찾아 냈다. 국산 자동차 보수용 페인트 제조 회사에서도 플라스틱용 프라이머 스프레이가 나오기는 하는데, 이를 구비해 놓은 상점이 극히 드물다.

페인트칠할 부분의 헌 페인트를 #200 정도 사포로 깨끗이 벗겨 낸다. 필요 이상으로 넓은 부위의 페인트를 손상시키지 않도록, 계획한 곳 주변에 투명 테이프를 붙여 사포로부터 보호한다. 페인트에 사포질할 때 주변의 정상적인 페인트까지 조금 갈아서 폭 2mm 정도로 완충지대를 만든다. 완충 지대 바로 바깥부터 마스킹(masking; 가리기)한다.

정비 공장은 마스킹 전용 갈색 두루마리 종이를 사용하지만 아마추어에게는 신문지가 적당하다. 투명 테이프를 사용해서 신문지를 붙여 주변을 마스킹한다. 투명 테이프는 신문지 한 장당 여덟 군데 이상 튼튼하게 붙인다. 대충 붙이면 스프레이칠을 하다가 바람이 불어 신문지가 날리는 것까지는 괜찮은데 날린 신문지가 덜 마른 페인트 위에 철썩 붙는 사고가 가끔씩 일어난다. 이렇게 되면 페인트를 다 말린 뒤에 깨끗이 갈아 내고 처음부터 다시 시작해야 한다.

마스킹은 칠하는 부분부터 1m 반경까지 완벽하게 덮어야 한다. 스프레이 페인트 안개는 상당한 거리를 날아가도 표면에 부착된다. 주차장에서 작업할 경우에는 옆 차에 폐를 끼치지 않도록 거리를 충분한 거리를 두어야 한다. 따라서 바람이 불고 먼지가 많이 날리는 곳은 피한다. 어두운 조명 문제만 해결된다면 지하 주차장은 바람

스프레이 페인트를 뿌릴 때는 페인트를 칠할 부분을 빼고 주변 1m까지 신문지로 가린다. 테이프를 여러 곳에 넉넉하게 붙여야 바람이 불어도 신문지가 떨어지지 않는다. 그리고 바람이 불지 않는 지하 주차장 같은 곳에서 뿌리는 것이 안전하다.

이 불지 않아서 작업하기에 알맞다. 마스킹할 때 스프레이되는 부분과 인접한 곳은 페인트가 신문지 밑으로 스며들지 않도록 신문지 끝부분을 테이프로 죽 밀봉한다.

스프레이 페인트를 칠할 때는 아주 넓은 붓을 들고 작업한다는 느낌으로 확실하게 페인트를 바르며 전진한다. 대충 휘휘 뿌리기보다는 정확한 영역을 발라 나간다는 느낌으로 해야 한다. 가까이에서 듬뿍 뿌리다가 페인트가 흘러내려 망친 경험을 한 사람은 스프레이를 좌우로 빨리 움직이며 '마른 페인트'를 여러 겹 덮어씌우듯 칠하려 한다. 이렇게 칠하면 페인트 입자가 분사되는 도중 말라 버려서 정작 철판에 도달할 때는 접착력이 크게 떨어진다. 마른 상태로 뿌려지므로 밑으로 흘러내리는 사고는 없지만, 접착력이 부족하기 때문에 완성된 표면은 쉽게 까지고, 페인트가 건조되기 전에 고르게 흐르는 효과도 없어서 작업 뒤에 표면의 광택을 기대할 수도 없다. 또 이렇게 칠해진 표면은 페인트층 중간에 공기가 많이 함유되어 있어서 완전히 건조된 뒤에 아무리 컴파운드로 문질러도 만족할 만한 광택을 낼 수가 없다.

스프레이 페인트는 칠할 대상에서 30cm쯤 떨어져서 뿌려야 하며, 움직이는 속력은 초당 10cm 정도로 느려야 한다. 페인트는 폭 10cm 정도의 넓은 붓으로 칠하는 것처럼 된다. 스프레이 꼭지를 살살 눌러서 분사량을 적게 하는 방법은 페인트의 분무 작용을 불량하게 만들기 때문에 좋지 않다.

최초로 뿌려 주는 페인트는 한 겹 살짝 뿌리는 정도로 하고 30분 동안 완전히 말린다. 이 페인트는 이후 뿌려질 두세 차례의 페인트가 프라이머나 옛날 페인트와 친화력을 가지고 잘 퍼지도록 하는 역할을 한다. 처음부터 진하게 뿌리면 어디는 페인트가 잘 퍼지고, 어디는 뭉쳐서 흘러내리고 해서 문제가 생긴다.

마지막으로 뿌려 주는 페인트는 뿌린 뒤 3분쯤 지난

뒤에 봤을 때에 페인트가 고르게 퍼져 표면이 거울같이 매끄럽게 될 정도로 충분히 뿌려 줘야 한다. '나중에 컴파운드로 문질러서 광택을 내야지' 라고 생각하며 한 번에 조금씩, 여러 차례 뿌려서 말리는 식으로 하면 페인트 층 중간에 공기가 포함되어 컴파운드로 문질러도 광택이 살지 않는다.

습도가 아주 높은 날에 스프레이 페인트를 뿌리면 뿌옇게 된다. 페인트가 건조되며 기화열을 빼앗아 철판이 차가워질 때 주변 수분이 이슬처럼 맺히면서 페인트 속으로 들어가기 때문이다. 따라서 비 오는 날이나 습도가 높은 날에는 되도록 스프레이 작업을 하지 말아야 한다.

페인트는 얇게 뿌리면 까지기 쉽고, 너무 두껍게 뿌리면 철판이 조금 변형되었을 때에 페인트가 깨져 떨어질 우려가 있다. 스프레이 페인트로 뿌릴 경우에 세 번 되풀이하면 두께가 적당하다. 이전에 뿌린 페인트를 30분쯤 말린 뒤 그 위에 다시 뿌린다. 마지막에 뿌린 페인트가 완전히 건조되기까지 하루가 걸린다. 필요할 경우 사흘 이상 지난 뒤에 컴파운드로 목표 지점 주변에 날려서 묻은 미세한 스프레이를 연마해 지운다.

마지막으로 뿌려 주는 페인트는 뿌린 뒤 3분쯤 지난 뒤에 봤을 때에 페인트가 고르게 퍼져 표면이 거울같이 매끄럽게 될 정도로 충분히 뿌려 줘야 한다. 페인트는 얇게 뿌리면 까지기 쉽고, 너무 두껍게 뿌리면 철판이 조금 변형되었을 때에 페인트가 깨져 떨어질 우려가 있다.

차체와 현가 장치

열처리 도장

페인트칠을 하는 방법 가운데 '열처리 도장塗裝' 이라는 것이 있다. 페인트를 칠한 뒤에 높은 온도로 가열해서 페인트를 경화시키는 것을 말한다. 공장에서 출고되는 모든 자동차는 반드시 열처리 도장 과정을 거친다. 이 때에 사용하는 페인트는 일반 페인트와 달라서 상온에서는 마르지 않지만 140℃로 가열하면 내부 화학 반응에 의해 20분 만에 단단하게 굳는다. 자동차 공장에서는 적외선 램프를 수백 개 배치한 가열 터널 속으로 차체를 통과시켜 가열한다.

열처리 도장을 할 수 없는 부품도 있다. 플라스틱 범퍼는 140℃로 가열하면 녹아 버리기 때문에 열처리를 할 수 없다. 그래서 흰색 아반떼 일부 차량이나 진주색 XG 그랜저 일부 차량은 플라스틱 범퍼와 차체 색깔이 조금 다르게 나오는 것도 있다. 철판 차체에 사용하는 열처리 페인트와 플라스틱 범퍼에 사용하는 비열처리 페인트의 색상을 비슷하게 맞추기는 했으나 미흡한 것이다.

사고로 정비 공장에서 새로 페인트를 칠할 때도 '열처리 도장' 이라는 말이 나온다. 하지만 이 열처리는 자동차 메이커에서 하는 것과 전혀 다르다. 정비 공장에서 사용하는 보수용 페인트는 비열처리용 페인트다. 열처리용 페인트를 사용할 수 없는 까닭은 정비 공장으로 들어온 차를 140℃로 가열하면 이미 장착된 각종 플라스틱 몰딩과 내장재, 배선 피복이 녹아서 못쓰게 되기 때문이다. 정비 공장에서는 비열처리용 페인트, 곧 공기 중에 노출되면 저절로 마르는 페인트를 사용한다. 이 보수 도장용 페인트는 자동차 메이커에서 사용하는 열처리용 페인트와 거의 비슷한 색으로 조색調色된 것이지만 똑같은 페인트는 아니므로 아주 미세한 색상의 차이는 어쩔수 없다. 경험이 많은 작업자는 자신만의 노하우로 색을 따로 만들어 사용하므로 기존 차체와 색상 차이를 거의 알아볼 수 없게 칠할 수 있다.

정비 공장에서 하는 '열처리' 란 열풍 히터를 이용해서 80℃ 정도로 가열하는 것을 말한다. 그냥 내버려 둬도 하루 정도면 완전히 건조되지만 가열하면 30분 만에 다음 연마 작업이 가능할 만큼 건조된다. 이렇게 건조 시간이 짧아짐에 따라 건조 중에 도장 표면에 티끌이 붙는 것을 줄일 수 있다. 정비 공장의 열처리는 자연 건조를 촉진시키는 것에 불과하므로 열처리를 한다고 해서 도장면의 품질이 향상되거나 하지는 않는다. 정비 공장에서 보수 도장한 것은 자동차 메이커에서 한 것에 비해 때가 잘 타서 두세 달 뒤에는 다른 부분과 차이가 날 만큼 색이 칙칙해진다. 컴파운드로 연마해 주면(광택 작업) 때묻은 표층이 연마되므로 원래의 깨끗한 색상을 되찾을 수 있지만 두세 달이 지나면 또 마찬가지가 된다.

차체와 현가 장치

02 | 손상된 사이드 미러 교환하기
손수 하면 절반 정도의 비용으로 가능하다

사이드 미러는 주차장이나 도로에서 옆 차와 부딪쳐서 껍데기가 깨지거나 차체와 연결되는 부분이 떨어져 나가는 수가 많다. 사이드 미러는 교환하기가 아주 쉬운 부품이기 때문에 카 센터까지 갈 필요가 없다. 단, 마티즈와 그랜저 XG는 사이드 미러 부착 방법이 여느 차들과 많이 다르므로 쉽지가 않다.

새 사이드 미러는 차체 색상과 같은 색으로 칠해진 것을 구입하는 것이 좋다. 동네 부품 대리점은 갖가지 색상의 제품을 모두 구비해 놓을 수 없어서 색이 칠해지지 않은 것만 갖다 놓고 사용자가 직접 칠하라고 한다. 하지만 메이커 직영 정비 사업소의 부품 창구에는 각 색상별로 칠해진 사이드 미러가 있다. 이 경우도 흔한 색상은 구하기 쉽지만 특이한 색상(진녹색 그랜저, 검정 엑센트 등)은 구하기 힘들다. 새 차를 구입할 때는 부품 수급 등도 고려해서 색상을 결정할 필요가 있다.

교환할 때는 앞문 유리창을 모두 내리고 시작한다. 사이드 미러가 부착되는 문 안쪽에는 항상 삼각형 플라스틱이 붙어 있다. 삼각형 플라스틱의 위쪽을 잡고 앞으로 빠르고 강하게 잡아당긴다. 느릿느릿 힘을 주면 잘 빠지지 않는다. 위쪽이 빠지면 아래쪽도 뺀다. 삼각형 플라스틱으로 가려졌던 부분에는 사이드 미러를 고정하는 (+) 나사가 세 개 있다. 마지막 나사를 풀 때 사이드 미러가 바닥으로 똑 떨어져 부서지지 않도록 문을 열고 한 손을 내밀어 받친다. 전동 사이드 미러라면 배선 커넥터도 뽑는다.

새 미러를 부착할 때에는 분해의 역순으로 한다.

사이드 미러의 유리만 깨졌을 경우에는 유리만 따로 살 수 있다. 재고를 보유하고 있는 정비 사업소가 별로 없어서 미리 주문해 놓고 나중에 받아야 하는 번거로움이 있긴 하지만 거울 때문에 2만 원에서 13만 원에 이르는 사이드 미러 전체를 교환하는 것에 비하면 훨씬 경제적이다. 거울을 떼는 방법은 새로 구입한 거울(거울 테두리와 뒷받침 일체형)을 보고 연구하면 된다. 예전 미러에서 거울과 거울 구동 장치 사이에 (—) 드라이버를 찔러 넣고 젖히면 빠진다. 끼울 때는 제 위치에 넣고 손으로 탕탕 쳐 넣으면 된다.

차체와 현가 장치

03 와이퍼 블레이드 교환하기
와이퍼 블레이드는 사용 중에 마모되는 소모품이다

앞유리 와이퍼는 사용할수록 코팅이 마모되는 고무날(블레이드) 부분을 쉽게 교환할 수 있다. 와이퍼는 결합 부분의 형상에 따라 세 종류가 있다. 요즘 사용하는 방식은 와이퍼 암 끝이 'U' 자형으로 굽어 있다.

와이퍼는 결합 부분의 형상에 따라 세 종류가 있다. 요즘 사용하는 방식은 와이퍼 암 끝이 'U' 자형으로 굽어 있다.

와이퍼 블레이드는 수많은 메이커에서 나온다. 모두 특별한 기능을 자랑하며 비싼 가격을 부르지만 품질을 비교하면 순정품보다 더 싼 제품은 없다. 나는 여러 메이커의 제품을 써 보았는데 순정품이 가장 나았다. 두 개에 1만 원씩이나 하는 '보쉬(Bosch)' 제품도 썩 좋지 않았다. 순정품은 두 개에 4천 원쯤밖에 하지 않는다.

와이퍼 블레이드 두 개가 묶인 형상의 양날 와이퍼나 특이한 모양의 고무를 쓴 칠중날 와이퍼의 성능은 광고에 훨씬 미치지 못한다. 성능 좋은 와이퍼는 유리창을 고르게 닦는 균일성과 삑삑거리는 마찰음을 내지 않는 정숙성을 구비해야 한다. 양날 또는 칠중날 와이퍼는 균일성이 크게 떨어진다.

와이퍼는 길이에 따라 분류되고, 그 길이는 인치로 나타낸다. 대부분의 중대형차는 운전석에 22인치, 조수석에 20인치 와이퍼를 사용하고, 중소형차는 운전석에 20인치, 조수석에 18인치를 많이 쓴다.

지정된 것보다 짧은 와이퍼를 사용하면 닦이는 면적이 줄어들뿐더러 조수석 와이퍼와 운전석 와이퍼가 겹치는 부분에 다량의 물이 남아 와이퍼를 작동시켜도 물이 흘러내리는 문제가 생긴다. 와이퍼 길이를 잘 모르겠으면 지금 달려 있는 제품을 떼서 비교하면 확실하다.

업소에서는 운전석과 조수석 쪽 와이퍼 길이를 구별하지 않고 18인치로 통일해서 달아 주는 경우가 많다. 자신의 와이퍼가 규격보다 짧은 것으로 끼워져 있는 듯하면 작동 중에 유리 가장자리에 닿지 않는 한 가장 긴 것으로 고르면 올바른 길이의 것을 선택할 수 있다.

와이퍼 블레이드를 교환할 때는 먼저 와이퍼 암을 위로 젖힌다. 와이퍼 블레이드는 웬만큼 자유롭게 돌아가므로 블레이드를 돌려 와이퍼 암 끝의 U자 형상과 고정되는 부분의 발톱을 손으로 누르면서 밑으로 당기면 와이퍼 암과 분리된다. 새 것을 장착할 때에는 분리할 때의 역순으로 하면 된다.

차체와 현가 장치

04 | 서스펜션의 잡소리 잡아 내기
승용차 서스펜션은 무급유 방식으로 되어 있다

자동차의 이상 증상을 나타내는 '잡소리'를 잡아 내는 것은 매우 힘든 일이다. AS 센터에 가 보면 갖가지 잡소리를 잡아 달라고 오는 고객이 꽤 있다. 노련한 정비사는 신기하게도 원인을 잡아 내지만, 대부분의 정비사는 시험 주행을 해 보고 나서도 잡소리를 잡아 내지 못하고 "다음에 소리가 나면 다시 오세요"라며 돌려보내는 경우가 많다. 내 경험인데, 언젠가 서스펜션(suspension; 차체 현가 장치) 잡소리는 아니지만 어느 정도 가속할 때만 엔진 소리가 조금 심해지는 현상이 있었다. 참을 만했지만 AS 센터에 갔더니 담당 정비사가 좀 들여다보다가 노련한 고참을 불렀다. 고참 정비사는 조수석에 타고 근처를 좀 돌아보더니 엔진 룸의 에어컨 파이프가 차체와 살짝 접촉하는 부분을 찾아 냈다. 조금 거리를 띄워 장착하고 나니 소리가 깨끗이 사라졌다.

노면에서 오는 진동과 충격을 흡수하는 서스펜션, 즉 현가懸架 장치에서 흔히 나는 잡소리가 있다. 삐걱거리는 소리와 덜컥거리는 소리다. 삐걱거리는 소리는 마치 서스펜션 작동 부분에 기름을 덜 쳐서 나는 듯하다. 하지만 주의할 점은 승용차용 서스펜션에는 주기적으로 기름을 쳐 줘야 하는 부분이 없다는 것이다.

옛날 승용차는 작동 부분에 주기적으로 그리스를 주입해 줘야 하는 청동제 부시를 사용했다. 지금도 대형 트럭과 버스, 4륜 구동차는 청동제 부시를 사용한다. 이것과 관련 있는 것이 '보겔VOGEL' 자동 그리스 주입기다. 시내 버스 뒤창에 'VOGEL'이라 씌어진 스티커가 붙어 있는 것을 보고 저것이 무슨 뜻일까 궁금하게 여긴 적이 있을 것이다. 자동 그리스 주입기는 지정된 시간마다 차체 각부에 연결되는 가느다란 파이프를 통해 각 서스펜션 작동 부위에 새 그리스를 일정량씩 주입해 주는 장치다. 시내 버스처럼 거의 쉬는 날 없이 주행하는 자동차는 그리스 주입 시점도 자주 돌아오므로 번번이 정비창에서 시간을 낭비할 필요 없이 자동 그리스 주입기를 장착하면 편리하다.

요즘의 승용차는 서스펜션 작동 부분에 고무 부시를 사용한다. 고무 부시는 전혀 기름을 칠 필요가 없다. 오히려 기름을 치면 부시를 망가뜨리게 된다. 부시에서 삐걱거리는 소리가 나면 일단 참아야 하고, 못 참겠으면 새 것으로 교환해야 한다. 기름을 치면 당장은 조용해지지만 이내 다시 소리가 난다.

청동제 부시를 사용하는 4륜 구동차(갤로퍼)는 서스펜션 작동 부위 및 구동 샤프트에 돌출되어 있는 그리스 니플(nipple; 주입구)을 통해 그리스를 주입해야 한다. 5,000km마다 휴대용 그리스 펌프 또는 압축 공기식 그리스 펌프 호스를 그리스 니플에 물린 뒤 부시 배출구에서 헌 그리스가 빠져 나올 때까지 새 그리스를 주입해야 한다.

서스펜션에서 나는 덜컥거리는 소리는 작동 부분에 유격(헐거워짐)이 생겼기 때문이다. 유격이 잘 생기는 부분은 안티롤 바(anti-roll bar; 자동차의 선회시 요동을 방지해 준다)와 타이 로드(tie rod) 링크다. 코너링 때 차체 기울어짐 균형을 조정하는 안티롤 바는 좌우 서스펜션과 볼 조인트(ball joint)를 사용한 링크로 연결되는데, 오래 사용해서 볼 조인트가 마모되어 유격이 생기면 울퉁불퉁한 노면을 주행할 때 유격이 생긴 부분이 서로 탕탕 튀기면서 어디 나사라도 풀린 듯이 덜컥거리는 소리를 낸다.

스티어링 휠의 움직임을 앞바퀴 각도 변화로 반영시키는 타이 로드도 앞바퀴와 연결되는 부분이 볼 조인트

서스펜션에서 덜컥거리는 소리가 나는 것은 작동 부분이 헐거워졌기 때문이다.

로 되어 있고, 이 부분에 유격이 생겨도 잡소리가 난다. 정상적인 볼 조인트는 움직임이 뻑뻑할 만큼 꽉 물려 있어서 유격이 생기지 않는 구조로 되어 있지만, 오래 되어 볼 조인트가 마모되면 물림이 헐거워진다.

05 | 파워 스티어링이 무거워질 때
파워 스티어링이 고장 나도 기계적 조향 장치는 작동한다

자동차 조향 장치의 하나인 파워 스티어링은 엔진에 벨트로 연결되어 돌아가는 유압 펌프에서 발생하는 유압을 원동력으로 한다. 유압이 낮아지면 파워 스티어링 장치가 일으키는 힘이 줄어들고, 그만큼 운전자가 스티어링 휠을 힘껏 돌려야 스티어링 장치가 움직인다. 느린 속도로 주행하면서 시동을 꺼 보면 스티어링 장치가 고장 난 것처럼 스티어링 휠이 무거워진다. 이렇게 되는 것은 고장이 아니라 정상적인 현상이다. 어떤 사람들은 내리막길을 내려갈 때 엔진 시동을 끄면 연료를 절약할 수 있다고 하는데, 진공식 브레이크 부스터가 작동하지 않는 것은 둘째로 치더라도 파워 스티어링이 작동하지 않으므로 조향력이 평상시와 달라져서 제대로 조종할 수 없게 된다. 수동 스티어링만 사용하던 사람은 문제가 없겠지만 파워 스티어링의 조작에 익숙한 사람은 무거워진 스티어링 장치를 만나면 당황하게 된다.

엔진과 파워 스티어링 펌프를 연결하는 고무 벨트가 느슨하면 파워 스티어링 펌프가 많은 힘을 요구할 때 벨트가 미끄러지면서 파워 스티어링의 유압이 떨어진다. 벨트 장력은 양쪽 풀리 중간 부분 벨트를 10kg의 힘으로 눌렀을 때 1cm쯤 들어가면 적당하다.

파워 스티어링 오일은 소모되거나 변질되지 않으므로 한 번 주입하면 흔히 차량 수명이 다할 때까지 사용한다. 하지만 파워 스티어링 장치에서 누유(기름이 새는 현상)가 발생하면 오일은 조금씩 줄어든다. 낡은 중고차를 구입한 경우에 파워 스티어링 장치에서 기름이 새는 고장이 가끔 있다. 엔진 룸의 파워 스티어링 오일 저장통에서 오일이 F선에서 L선까지 떨어지는 데 석 달 이상이 걸린다면 그냥 타고 다녀도 무방하다. 하지만 줄어드는 속도

엔진과 파워 스티어링 펌프를 연결하는 고무 벨트가 느슨하면 파워 스티어링 펌프가 많은 힘을 요구할 때 벨트가 미끄러지면서 파워 스티어링의 유압이 떨어져 무거워진다. 또 파워 스티어링 오일이 부족해도 스티어링이 무거워진다.

가 너무 빠르면 자칫 몇 달 동안 제때 점검을 못할 경우 파워 스티어링 펌프가 오일 부족으로 마모되어 손상을 입는 수가 있다.

파워 스티어링 오일이 부족해도 스티어링이 무거워진다. 오일의 양은 저장 탱크 마개에 달려 있는 딥 스틱으로 찍어서 읽거나 반투명 플라스틱 저장 탱크에 채워진 유면을 보고 확인한다. 파워 스티어링 오일은 자동 변속기 오일과 같은 종류를 사용한다.

06 | 스티어링 휠이 떨린다
휠 밸런스와 휠 얼라인먼트를 혼동하면 안 된다

스티어링 휠 떨림은 80km/h에서 100km/h 사이에서 주로 발생한다. 속력이 그 범위보다 낮거나 높아지면 떨림은 사라지는 것이 보통이다. 스티어링 휠이 떨리는 이유는 앞타이어의 휠 밸런스(wheel balance)가 맞지 않기 때문이다.

고속으로 회전하는 타이어는 100km/h라면 730rpm 정도의 속력으로 회전하는데, 1초에 10회전이 넘는다는 얘기다. 타이어는 무게 또한 상당해서 중형차의 경우 타이어와 휠을 합치면 15kg 정도 나간다. 타이어의 각 부분 무게 배분 상태가 똑같지 않으면 회전할 때 원심력 불균형이 발생해서 타이어가 부르르 떨린다. 이 떨림의 주기가 자동차 서스펜션 장치의 고유 진동수와 잘 맞아떨어지면 떨림이 커지면서 스티어링 장치를 통해 스티어링 휠로 전달되어 들어온다. 자동차 서스펜션 장치의 고유 진동수와 잘 맞는 속력 범위에서만 운전자가 느낄 정도의 큰 떨림이 발생하므로 속력이 그 범위만 벗어나면 진동은 느끼지 못할 정도로 작아진다.

휠 밸런스가 맞지 않아서 발생하는 스티어링 휠의 떨림은 운전자의 피로를 가중시킬 뿐 아니라 스티어링 기계 장치에도 영향을 주어 수명을 단축시킨다. 휠 밸런스가 맞지 않는 근본적인 이유는 휠이나 타이어를 제작할 때 양쪽 무게를 정확하게 똑같이 맞출 수 없기 때문이다. 이것은 피할 수 없는 제작상의 오차다.

휠 밸런스를 교정해 주려면 우선 휠과 타이어를 조립한 뒤 전용 밸런서에 장착해서 회전시킨다. 무게가 맞지 않는 부분의 위치와 얼마만큼의 무게가 부족한지가 지시된다. 밸런서의 지시에 따라 지정된 위치에 납으로 만든 무게추를 부착해서 양쪽 배분 상태가 같도록 맞춰 준다.

스티어링 휠이 떨리면 운전자가 피곤해하고, 스티어링 기계 장치에도 영향을 주어 수명을 단축시킨다.
스티어링 휠이 떨리는 것은 휠이나 타이어를 제작할 때 양쪽 무게를 정확하게 똑같이 맞출 수 없기 때문에 생기는 현상이다.
제작상 피할 수 없는 오차다.

휠 밸런스를
맞추기 위해
휠 테두리에 끼워진
납 무게추.

납 무게추를 끼우는 데는 두 가지 방식이 있다. 메이커의 순정 휠은 JJ 타입의 림으로, 테두리에 무게추에서 나온 철판 발톱을 굽혀 물리는 방식으로 장착한다. 반면 많은 애프터마켓 휠은 J 타입의 림으로, 테두리가 매끈하기 때문에 무게추의 발톱을 물릴 곳이 없다. 대신 접착제가 칠해진 접착식 무게추를 휠에 붙여 밸런스를 교정한다. J 타입 휠에 물리는 무게추는 대부분의 카 센터에서 재활용한다. 밸런스를 측정하기 전에 예전에 붙어 있던 무게추를 떼어 내고 시작하는데, 그 때 떼어 낸 무게추는 다른 차를 밸런싱할 때 끼운다. 옮겨 끼우기 위해 무게추의 발톱을 여러 번 폈다 굽히면 나중에는 무게추가 스스로 떨어지는 경우가 있다. 특히 비포장 도로에서 바퀴에 큰 충격이 걸리면 무게추가 떨어져 달아난다. 무게추가 떨어지는 또 다른 경우는 차를 인도 연석에 바짝 붙여 주차하면서 휠 옆면을 연석에 긁힐 때 무게추 발톱이 건드려지면서 떨어져 나가는 경우다. 달려 있던 무게추가 없어지면 휠 밸런스가 어긋나기 때문에 주행 중 스티어링 휠 떨림이 발생한다.

휠 밸런스를 교정할 때 승용차급의 타이어 크기에서는 20g 정도의 무게추만 사용하면 대부분 잡힌다. 40g 이상이나 추를 여러 개 붙여야 휠 밸런스가 잡힌다면 노련한 정비사는 장착해 놓은 타이어를 다시 휠에서 떼어서 타이어 방향을 180도 돌려 재장착한다. 휠의 불균형과 타이어의 불균형 지점이 운 나쁘게 한 곳에 겹치면 40g씩이나 무게추를 달아야 하지만 180도 돌려 재장착하면 휠의 불균형과 타이어의 불균형이 상쇄되기 때문에 무게추를 조금만 달아도 균형이 잡힌다. 메이커에서 조립되어 나오는 새 차는 휠과 타이어에 각각 불균형점 위치 표시 스티커가 붙어 있다. 타이어를 휠에 장착할 때 위치 표시 스티커를 맞춰 장착하면 휠과 타이어의 불균형이 상쇄되므로 소량의 무게추로도 균형이 잡힌다. 시판되는 휠과 타이어에도 각각 위치 표시 스티커가 붙어 있다.

휠 밸런스를 아무리 봐도 스티어링 휠이 떨리는 차는 휠이 찌그러졌을 가능성이 높다. 휠이 찌그러지면 밸런서로 휠 밸런스를 아무리 정확하게 맞춰도 주행해 보면 스티어링 휠이 떨린다. 밸런서에 장착하고 손으로 천천히 돌려 가며 휠 테두리를 살펴보면 찌그러진 지점을 찾을 수 있다. 찌그러진 휠은 수리하기 힘들다. 값싼 철제 휠은 버리고 다른 것(주로 중고품)으로 교체하고, 새로 구하기 힘든 수십만 원짜리 외제 합금 휠은 돈이 많이 들더라도 용접으로 살을 붙인 뒤 선반旋盤에 물려 다시 진원으로 깎아 내는 작업을 거친다.

휠 밸런스 작업과 휠 얼라인먼트 작업을 혼동하는 사람이 많다. 휠 밸런스 작업은 각 바퀴의 무게 균형을 맞추는 것이고 휠 얼라인먼트 작업은 바퀴가 차에 장착되는 각도를 미세하게 잘 맞춰 주는 것이다. 휠 밸런스는 타이어 한 개당 3천 원쯤 하는 작업이지만, 휠 얼라인먼트는 한 대에 4만 원에서 6만 원쯤 한다. 휠 밸런스 기계는 어느 카 센터나 갖추고 있지만 휠 얼라인먼트 기계는 천만 원대로 비싸기 때문에 갖춰 놓고 있는 카 센터가 많지 않다.

휠 밸런스 교정기(왼쪽).
오른쪽 기계는 휠에
타이어를 걸거나 벗길 때
사용하는 탈착기다.

뒷바퀴는 휠 밸런스를 맞출 필요가 없다는 사람도 있다. 뒷바퀴 떨림은 스티어링 장치를 통해 운전자에게 전해지지 않으므로 뒷바퀴는 휠 밸런스가 맞지 않아도 운전자의 자각 증상이 없다. 하지만 휠 밸런스가 맞지 않는 바퀴는 진동이 발생해서 차체의 노화를 촉진시키고 타이어가 고르게 마모되지 않는다. 그리고 10,000km마다 앞뒤 타이어 위치를 교환해 줄 때 어차피 앞바퀴로 끼워질 것이므로 앞바퀴의 휠 밸런스를 교정할 때 함께 교정해 주는 것이 좋다.

07 직진 안정성이 나쁘다
휠 얼라인먼트는 타이어 이상 마모도 방지한다

자동차는 직진 안정성(주행 안정성)이 있어서 스티어링 휠을 놓아도 직진을 유지하는 성질이 있다. 커브를 틀기 위해 스티어링 휠을 돌리려면 복원력이 느껴지고, 스티어링 휠에서 손을 놓으면 직진으로 돌아오려는 성질이 있다. 이것은 스티어링 장치에 복원 스프링이 달려 있기 때문이 아니라 자동차 구조상 직진할 때 힘의 균형이 유지되고, 방향을 꺾으려면 힘의 균형을 깨기 위해 운전자의 힘이 필요하기 때문이다.

여기에는 휠 얼라인먼트가 중요한 역할을 한다. 휠 얼라인먼트 각角은 직진 안정성을 제공하고, 노면 불균일이나 제동력 불균형으로 바퀴에 불규칙적으로 발생하는 조향력을 상쇄시키는 구조로 맞춰져 있으므로 휠 얼라인먼트 각이 정확하지 않으면 주행 안정성이 떨어진다.

직진 안정성이 떨어지면 80km/h 이상으로 주행할 때 스티어링 휠이 극도로 가벼워진다. 그러면서 끊임없이 왼쪽 또는 오른쪽으로 가려는 경향이 나타나므로 스티어링 휠을 잡은 손에서 한시도 주의를 늦출 수가 없다. 직진 안정성의 저하는 휠 얼라인먼트의 토(toe) 값의 설정이 토 아웃(toe out) 쪽으로 벗어난 경우에 나타난다. 토 값은 바퀴를 위에서 봤을 때 바퀴 앞쪽 끝 사이의 거리와 뒤쪽 끝 사이의 거리 차이로 나타낸다. 사람이 안짱다리로 서 있을 때 발가락이 안쪽으로 몰리는 것처럼 타이어 앞쪽이 안쪽을 향하고 있으면 토 인(toe in)이고, 반대 상황은 토 아웃이다.

주행시의 토 인은 서스펜션 장치의 탄성에 의해 정지 상태에서 맞춘 값과 비교하면 조금 변한다. 주행 상태에서 토 인이 0이 되도록 맞추려면 정지 상태에서 맞출 때 차량 구조에 따라 토 인 또는 토 아웃을 약간 준다. 이

직진 안정성이 떨어지면 80km/h 이상으로 주행할 때 스티어링 휠이 극도로 가벼워지면서 끊임없이 왼쪽 또는 오른쪽으로 가려는 경향이 나타난다. 이는 휠 얼라인먼트의 토 값의 설정이 토 아웃 쪽으로 벗어난 경우다.

설정치는 각 자동차별 정비 지침서에 나와 있다

토 인이 정확하게 맞춰져 있지 않으면 직진 안정성이 떨어질 뿐 아니라 주행 중 타이어가 진행 방향과 다른 방향으로 계속 벗어나려고 하므로 타이어가 옆으로 조금씩 밀리는 상태에서 주행하게 된다. 토 인이 어긋난 상태로 수백km 주행한 차의 타이어는 각 트레드 블럭의 한쪽면만 부드럽게 닳아 있고 반대면은 모서리가 살아 있는 것을 볼 수 있다. 그 상태로는 타이어 마모가 매우 심하기 때문에 정상적인 경우보다 수십 배 빨리 닳아 버려 밋밋해진다. 마모된 타이어 두 개를 새로 사려면 최소한 8만 원이 든다. 4만 원쯤 들여 휠 얼라인먼트를 손봐서 타이어 하나 값을 건진다면 남는 장사인 셈이다. 덤으로 주행 안정성도 향상시킬 수 있으니 말이다.

토 인이 맞지 않은 상태로 주행한 타이어. 트레드 블럭의 한쪽 모서리는 각도가 예리하고 다른 쪽 모서리는 둥글게 각이 죽어 있다.

08 | 차가 한쪽으로 쏠린다
먼저 좌우 타이어 공기압을 확인한다

주행 중 스티어링 휠에서 손을 놓으면 늘 한쪽으로 꺾이기 때문에 직진을 유지하려면 내내 손에 힘을 줘야 할 경우 운전 한 번 하고 나면 팔이 아프게 된다. 이런 현상을 "차가 쏠린다"라고 한다. 이처럼 차가 쏠리는 원인 중 가장 흔한 것은 좌우 앞타이어 공기압이 다른 경우다.

공기압을 맞춰 줬는데도 차가 쏠린다면 좌우 앞바퀴를 서로 바꿔 달아 본다. 바꿔 줬더니 쏠리는 방향이 반대가 되었다면 문제는 타이어에 있다. 덤핑으로 나오는 타이어 중에 가끔 불량품이 있는데, 이런 타이어는 정확히 원통형 모양을 이루고 있지 않다. 타이어 판매업자에게 AS를 요구할 수 없다면 뒤타이어와 바꿔 장착하는 것도 한 가지 방법이다. 뒤타이어마저 불량품이라면 어쩔 수 없이 앞쪽 두 개는 제대로 된 타이어로 바꿔야 한다.

좌우 앞바퀴를 바꿔 장착해도 쏠리는 방향이 이전과 같다면 차체에 문제가 있는 것이다. 휠 얼라인먼트각角 중에서 특히 캠버(camber)가 이 경우에 큰 영향을 미친다. 캠버는 차의 앞쪽에서 시선을 낮춰서 봤을 때 앞바퀴 위쪽이 아래쪽에 비해 벌어져 수직선에 대하여 각도를 이룬 상태를 말한다. 대부분의 차는 양쪽 앞바퀴 모두 제로(0) 캠버(바퀴가 지면에 대해 정확하게 수직) 상태로 조정되지만 서스펜션 특성을 보상하기 위해 1도 이내의 +, − 캠버가 지정되는 경우도 있다.

그리고 도로의 크라운(crown)을 상쇄하기 위해 오른쪽 바퀴에 마이너스 캠버(타이어 위쪽이 차체 안쪽으로 기울어짐)를 좀 더 지정하기도 한다. 대부분의 도로는 빗물 배수가 잘 되도록 중앙선 쪽이 높고 바깥 차선 쪽이 낮다. 이것을 크라운이라고 한다. 크라운이 있는 도로를 주행하면 차체가 약간 오른쪽으로 기울어져 쏠리는 경향

타이어의 공기압을 맞추어 주었는데도 차가 쏠린다면 좌우 앞바퀴를 서로 바꾼다. 바퀴를 서로 바꾸었을 때 쏠리는 방향이 반대가 되면 타이어에 문제가 있고, 쏠리는 방향이 같으면 차체에 문제가 있는 것이다.

차체와 현가 장치

이 있다. 이 자연적인 쏠림을 상쇄하기 위해 처음부터 차가 일부러 약간 왼쪽으로 쏠리도록 좌우 앞바퀴 캠버에 미세한 차이를 두는 것이다.

5 전기

전기 장치는 다른 부분에 비해 운전자가 손수 고치기가 쉽다. 거창한 공구나 큰 힘이 필요 없으며 차 밑으로 기어들어가는 등 힘든 작업 자세가 필요하지도 않다. 고장의 증상과 원인이 1:1로 정확히 대응되는 경우가 많아서 고장을 해결하기 위해 시행 착오를 거듭하는 일도 드물다.

01 | **전구 교환법**
할로겐 전구는 취급할 때 지문이 묻지 않도록 주의한다

자동차에는 수많은 전구가 들어간다. 55W짜리 헤드 램프 전구가 가장 크고 카 오디오 액정을 조명하는 초소형 전구는 유리에 와트 수조차 인쇄할 수 없을 만큼 작다. 그 사이에 방향 지시등, 제동등에 사용하는 25W 전구, 차폭등용 5W '번데기 다마', 계기판 내 표시등용 2W '쌀 다마' 등이 있다. '번데기 다마'와 '쌀 다마'는 부품 가게에서 부르는 이름으로 각각의 크기가 번데기와 쌀알만 하다.

헤드 램프나 방향 지시등, 제동등에 끼우는 전구는 대부분 조명 장치 뒤쪽 뚜껑을 열고 교체한다. 엔진 룸 쪽에는 헤드 램프 장치 뒤에 돌려서 여는 물막이 뚜껑이 있고, 트렁크 안쪽에는 간단한 잠금 장치가 있는 뚜껑이 있어서 이것을 열면 전구 따위를 교체할 수 있다. 트렁크 안쪽에서 전구 교체를 위한 뚜껑을 찾을 수 없으면 트렁크를 열고 후미등의 좌우를 살펴봐서 후미등 전체를 고정하는 나사를 찾는다. 이 나사를 풀면 후미등 플라스틱 성형물 전체가 차체에서 분리되고, 분리된 후미등 뒷부분에 전구 소켓이 끼워져 있다.

헤드 램프 전구는 뚜껑을 열고, 전구를 눌러 주는 철사 클립을 풀면 전구를 반사경에서 빼낼 수 있다. 방향 지시등이나 제동등 전구는 플라스틱 소켓에 끼워져 있는데, 소켓을 반사경에서 빼내려면 소켓의 몸통을 시계 반대 방향으로 15도 돌린 뒤에 뒤로 잡아 뺀다. 전구를 소켓에서 빼려면 전구를 내리누르면서 시계 반대 방향으로 15도 돌린 뒤 뺀다. 전구를 소켓에 끼울 때는 전구 소켓 양쪽의 돌기와 소켓에 뚫린 홈을 맞춘 뒤 밀어넣은 채 15도 시계 방향으로 돌려 고정시킨다.

자동차용 전구는 헤드 램프처럼 두 개가 동시에 사용

되거나 제동등처럼 네 개가 동시에 사용되는 것이 많다. 이런 전구 중 한 개가 수명이 다해서 끊어졌으면 함께 들어오는 다른 전구들도 한꺼번에 교환해 주는 것이 좋다. 전구의 수명은 비슷비슷하기 때문에 여러 개 중에서 한 개가 끊어졌다는 것은 다른 전구들도 수명이 다 되어 간다는 뜻이기 때문이다. 오늘 끊어진 왼쪽 헤드 램프 전구만 바꿔 줬더니 사흘 뒤에는 오른쪽이 끊어지는 경우가 생기는 것이다. 두 번 수고하는 번거로움을 덜기 위해 헤드 램프 전구는 양쪽을 동시에, 제동등 전구도 두 개 또는 네 개를 동시에 바꿔 주는 것이 좋다.

테일 램프에 끼워지는 25W 전구 중에는 더블 전구라는 것이 있는데, 이 전구 속에는 필라멘트가 두 개 들어 있다. 한 개는 후미등을 켤 때 사용되고, 다른 한 개는 브레이크를 밟았을 때 제동등을 밝게 켜는 데 사용된다. 더블 전구 중에는 전구 유리가 주황색으로 된 것도 있는데, 이것은 앞쪽 차폭등이 작동될 때 방향 지시등이 약하게 빛나는 차에 사용한다. 차폭등 작동 중에는 약하게 빛나고 방향 지시등 작동 때는 밝게 빛나도록 하게 하려고 주황색 더블 전구를 쓰는 것이다.

더블 전구는 전구 밑부분에 납땜 자국이 두 개 돌출해 있다. 전구의 소켓 부분 옆에 작게 돌출한 고정용 돌기의 높이도 두 개가 다르게 되어 있어서 꼭 한 방향으로만 꽂아야 고정이 가능하다.

더블 전구가 들어가야 할 곳에 싱글 전구(필라멘트가 한 개 들어가는 기본형 전구)를 끼우면 문제가 생긴다. 싱글 전구는 소켓의 고정용 돌기 높이가 두 개 동일하게 되어 있어서 더블 전구용 소켓에 맞지 않도록 되어 있지만, 억지로 눌러 끼우면 고정시킬 수 있다. 싱글 전구 밑부분에는 납땜된 전극이 중앙에 한 개만 있다. 이것을 더블 전구용 소켓에 꽂으면 미등용과 브레이크등용 전극 사이에 전구의 전극이 자리잡으면서 양쪽 전극을 합선시

헤드 램프 전구는 양쪽을 같이 바꾸어 주고, 제동등의 전구도 두 개 또는 네 개를 한꺼번에 바꿔 주는 것이 좋다. 그러지 않으면 금세 다른 한쪽을 갈아 주어야 하는 번거로움이 생긴다.

전기

킨다. 이런 상태에서 브레이크를 밟으면 미등 계통으로도 전류가 흘러 브레이크를 밟을 때마다 계기판 조명이 들어온다.

방향 지시등과 차폭등, 후진등 및 제동등용 전구는 시중의 부품 가게에서 보통 25W짜리만 구할 수 있는데, 자동차 메이커에서는 21W, 25W, 27W, 28W 이 네 가지를 구별해서 사용하고 있다. 하지만 25W 이외의 규격은 구하기가 무척 어렵기 때문에 다른 와트 수가 들어가는 곳에 그냥 25W짜리를 사용해도 무방하다.

헤드 램프와 안개등용 전구로는 할로겐 전구가 널리 사용되고 있다. 할로겐 전구는 가정용, 업소용 조명등으로도 널리 쓰이고 있다. 이 전구는 진공 상태의 백열 전구 안에 할로겐 가스를 주입한 것이다. 할로겐 전구는 일반 백열 전구에 비해 수명이 길다.

백열 전구는 필라멘트의 텅스텐이 고열로 증발하는데(극소량이지만 꾸준히 증발한다), 그렇게 점점 가늘어지다가 끊어지면 수명을 마치게 된다. 증발한 텅스텐은 전구 유리 안쪽에 거울처럼 코팅되면서 전구 불빛이 밖으로 빠져 나가는 것을 방해하므로 이래저래 비경제적이다.

할로겐 전구에 주입된 할로겐 가스는 필라멘트에서 증발한 텅스텐과 결합해 다시 필라멘트로 돌아와 텅스텐을 재결합시킨다. 증발한 텅스텐이 전구 유리에 달라붙는 대신 필라멘트로 되돌아오기 때문에 필라멘트가 가늘어지는 현상이 크게 억제되고 전구 유리가 거울처럼 코팅되는 현상도 억제되어 할로겐 전구는 일반 백열 전구보다 훨씬 수명이 길다.

할로겐 전구의 할로겐 사이클이 유지되기 위해서는 전구 유리가 높은 온도로 유지되어야 한다. 이를 위해 전구 유리를 필라멘트 열로 뜨겁게 가열해야 하므로 할로겐 전구는 크기가 매우 작고 유리와 필라멘트 사이가 매

헤드 램프와 안개등용 전구로는 할로겐 전구가 널리 사용되고 있다. 할로겐 전구는 일반 백열 전구보다 수명이 길다.

우 가깝다. 할로겐 전구의 유리는 작동 온도가 높기 때문에 취급하기가 까다롭다. 할로겐 전구 포장에는 "유리에 지문이 묻지 않도록 주의하라"는 내용의 말이 꼭 적혀 있다. 일반 백열 전구는 지문이 별로 문제가 되지 않지만 할로겐 전구는 사용 중 유리 온도가 높아서 지문이 묻으면 그 자국이 눌어서 전구 유리의 투명도를 떨어뜨린다.

할로겐 전구를 취급할 때는 기름기 없는 깨끗한 장갑을 낀 손으로 만지거나 전구 소켓 부분만 잡아야 한다. 실수로 지문이나 땀이 유리에 묻었으면 사용하기 전에 휴지에 알코올을 묻혀 깨끗이 닦는다.

HID 헤드 램프

HID(High Intensity Discharge) 헤드 램프는 다시 말하면 '고압 방전등'이다. 대도시의 가로등으로 사용되는 청백색 방전등과 같은 원리로 빛을 낸다. 자동차 배터리의 12V 전압을 고압으로 승압시킨 뒤 가스가 들어 있는 유리관 속에서 방전시키면(스파크를 지속시키면) 빛을 낸다. 가로등용 방전등은 전기를 넣어도 정상적인 밝기까지 올라가는 데 3분쯤 걸린다. 3분씩이나 걸려서는 자동차용으로 실용화할 수 없으므로 자동차용 HID 헤드 램프는 전자식 승압기를 사용해서 최대 밝기에 이르는 시간을 10초 정도로 단축시켰다.

일반 백열 전구나 할로겐 전구는 작동하기 위해 많은 열을 발생시키므로 너무 높은 출력의 전구는 사용할 수 없다. 반면에 HID 헤드 램프는 저소비 전력, 저발열로 강한 빛을 내므로 고출력 전구를 만들 수 있다. 증강된 출력은 전방의 주변부까지 밝게 비추는 데 사용된다. 일반 헤드 램프가 중심부는 밝게 비추지만 양쪽 가장자리로는 적은 양의 빛만 투사하는 데 반해, HID 헤드 램프는 중심 광도는 일반 헤드 램프와 같은 수준이지만 남는 빛을 주변으로 더 뿌린다.

HID 헤드 램프는 푸른빛이 섞인 백색을 내는데, 시중에서는 이 색상을 흉내내어 청색 유리를 사용한 일반 할로겐 전구가 시판되고 있다. 청색 유리를 사용하면 조명 색상은 비록 HID 헤드 램프처럼 푸른빛이 섞인 백색이지만 색유리가 전구의 광도를 낮추므로 조명 효율은 HID 램프는커녕 일반 할로겐 전구만도 못하게 된다. 시판 청색 전구는 낮아진 조명 효율을 보상하기 위해 일반 할로겐 램프의 소비 전력(55W)보다 많은 85W를 소비하도록 되어 있다. 이런 고전력 전구는 배선과 커넥터에 열을 발생시켜 수명을 단축시키므로 예상치 못한 순간에 헤드 램프가 끊어지는 일이 생긴다. 물론 이 경우에 고열로 눌어붙은 배선과 커넥터는 보증 기간 중이라도 AS가 안 된다.

02 | 방향 지시등의 점멸 주기가 빠르다
방향 지시등 전구가 끊어지면 점멸 주기가 변한다

방향 지시등 점멸 주기가 갑자기 빨라져서 촐싹대면 대부분의 운전자는 방향 지시등을 점멸시키는 장치(플래셔 유닛)가 고장났기 때문이라고 여긴다. 그러나 알고 보면 방향 지시등 전구 중 한 개가 끊어졌기 때문인 경우가 많다.

점멸 장치는 부하 전류에 따라 점멸 주기가 변화하는 성질이 있다. 앞 또는 뒤쪽 방향 지시등 전구가 끊어져서 부하 전류가 평상시의 절반으로 줄어들면 점멸 주기가 두 배쯤 빨라진다. 좌회전과 우회전 신호 때 각각 점멸 주기를 비교해 보면 전구가 끊어진 쪽만 주기가 빨라지고 반대편은 정상적인 것을 알 수가 있다.

이 때는 방향 지시등을 켜 놓고 차 앞뒤 방향 지시등의 점멸 상태를 확인해 보면 끊어진 전구를 찾을 수 있다. 주행 중이라면 신호 대기 때 옆 차에 비친 내 차의 방향 지시등 불빛을 보고 전구가 끊어졌는지 아닌지를 확인할 수 있다.

일부 차종에서 차 옆에 조그맣게 부착되는 측면 방향 지시등은 전구 와트 수가 작아서(5W) 전구가 끊어지더라도 점멸 주기에 거의 영향을 미치지 않는다.

방향 지시등의 점멸 상태는 차를 정차시켜 놓고 앞뒤를 확인한다. 만일 주행 중이라면 신호 대기 때 옆 차에 비친 내 차의 방향 지시등 불빛을 보고 쉽게 확인할 수 있다.

전기

03 | 발전기 고장
발전기가 고장나도 곧바로 차가 멈추지는 않는다

발전기가 고장나면 배터리 전력을 까먹으며 운행하게 되어서 시시각각 배터리 전압이 낮아진다. 주행 중 배터리 전압은 14.3V 정도인데 발전기가 고장나면 11V 정도밖에는 나오지 않는다.

엔진에 연결된 팬 벨트가 끊어져서 발전기 회전이 멈추면 계기판에 충전 경고등이 들어온다. 이것도 계기판을 자주 살펴봐야 경고등이 들어온 것을 곧바로 발견할 수 있지, 그렇지 않으면 주행 중 차가 이상하다 싶어 여기저기 살피는 도중 경고등이 들어온 것을 발견하게 되는 경우가 많다. 팬 벨트가 끊어진 게 아니라 발전기 자체가 고장나면 충전 경고등조차 들어오지 않는 경우가 많아 경험이 적은 운전자는 고장을 진단하는 데 어려움을 겪는다.

발전기 고장으로 배터리 전압이 낮아지면 앞유리 와이퍼의 작동 속도가 눈에 띄게 느려지고 파워 윈도 동작이 아주 힘겨워진다. 헤드 램프의 광도가 떨어지고 계기판 조명도 어두워지는데, 그 진행 속도가 느리기 때문에 변화를 잘 알아채지 못한다.

발전기가 고장났다는 심증이 들면 일단 전력 소비를 최소화해서 남아 있는 배터리 전력으로 가능한 한 멀리 가야 한다. 배터리 전력을 가장 많이 요구하는 상황은 시동 걸기이므로 발전기가 고장났으면 시동을 끄고 다시 거는 일은 거의 불가능해진다. 따라서 차를 서둘러 끌고 갈 목표 지점은 정비 공장 또는 다른 차의 배터리로부터 전력을 빌려 시동을 걸 수 있는 익숙한 장소(회사 등)다. 어쩌다 외딴 시골길에서 배터리가 완전히 떨어져서 멈춰 버리면 고생한다. 보험 회사 응급 서비스를 부르면 잘 오긴 하지만 일이 밀리면 서너 시간쯤 기다려야 하는 수도 있고, 휴대 전화가 없는 사람의 경우에는 그 응급 서비스를 부르려고 전화하러 가는 것도 고달프다.

전력 소비를 최소화하기 위해서 오디오는 당연히 끄고, 헤드 램프도 꼭 필요하지 않다면 아낀다. 하지만 헤드 램프를 켜고 안전하게 운행하다가 차가 멎는 편이, 무리하게 헤드 램프를 끄고 가다가 사고나서 정비 공장에 실려 가는 것보다는 낫다. 자동차의 주행 속력과 전력 소비는 전혀 상관이 없으므로 되도록 빨리 목적지에 도착할 수 있는 길을 선택한다. 내 경험으로는 파워 윈도가 느릿느릿 올라갈 정도로 배터리 전압이 낮아진 상태에서도 20분 동안 타고 가서 안전한 곳에 도달할 수 있었다.

발전기가 고장났을 경우에는 수리할 바에야 아예 발전기를 교체하는 것이 낫다. IC 전압 조정기나 브러시 등 발전기의 고장난 부품을 따로 수리할 수도 있지만 그렇게 해 주는 카 센터는 아주 드물다. 수리 시간이 오래 (세 시간 정도) 걸리는 것에 비해 이윤이 적기 때문이다.

발전기는 정품과 재생품이 있다. 영세업자가 고장난 발전기를 수거해서 고친 뒤 주문에 따라 공급하는 것이 재생품이다. 재생품의 품질은 들쭉날쭉해서 어떤 재생품은 신품 못지않게 성능이 좋은 반면 고물에 가까운 것도 있다. 사용자가 재생품의 품질을 시험해 보는 것은 불가능하므로 마음 편하게 신품을 쓰는 것이 낫다. 부품 가격은 소형차용 신품이 7만 원 정도라면 재생품은 4만 원 정도다. 재생품을 신품인 양 교환해 주는 카 센터도 적지 않다.

발전기가 고장나서 배터리를 많이 소모했다고 해서 배터리까지 함께 교환할 필요는 없다. 한두 번쯤 완전히 방전시켜도 배터리 수명은 거의 줄지 않는다.

발전기가 고장났을 경우에는 발전기를 수리하는 것보다는 교체하는 것이 낫다.

04 | 파워 안테나 동작 불량
파워 안테나에 대고 기름을 뿌려서는 안 된다

라디오를 켜면 자동으로 돌출하는 파워 안테나는 신형차에서는 뒷유리 열선에 포함되는 온글라스(on-glass) 안테나로 바뀌는 추세다. 다만 온글라스 안테나를 쓰면 차량 가격이 상승하고 라디오 수신 감도가 떨어진다는 문제가 남아 있다. 특히 카렌스는 감도가 매우 떨어진다.

파워 안테나는 안테나 내부에 구부릴 수 있는 플라스틱 막대를 넣은 뒤 톱니바퀴 장치로 밀었다 감았다 해서 안테나를 밀어올리거나 잡아내린다. 부러진 파워 안테나 속을 보면 흰색 연질 플라스틱 막대가 들어 있는 것을 볼 수 있다.

파워 안테나는 5kgf 정도의 힘으로 안테나를 올리고 내린다. 매우 강력한 힘이지만 안테나 움직임이 뻑뻑하면 안테나가 다 내려가지 않고 도중에 멈춰 버리기도 한다. 이 때는 안테나 표면의 오물을 닦아 주고 새로 윤활해 주면 다시 잘 내려간다.

먼저 안테나를 다 올린다. 안테나 움직임이 불량해서 안테나가 다 올라가지도 않는다면 라디오를 끄고 30초 뒤에 켜면서 조수에게 안테나 끝을 잡고 위로 잡아올리라고 하면 안테나를 다 뽑을 수 있다. 이 때 라디오를 켜지 않으면 아무리 안테나를 잡아당겨도 올라오지 않는다.

혹시 안테나가 휘지 않았는지 살펴본다. 휘어진 안테나를 펄 때는 완전히 꺾여 버리지 않도록 살살 편다. 많이 휘어진 안테나는 수리할 방법이 없다. 안테나 막대만 5천 원 안팎에 구입해서 교체할 수도 있는데, 이 부품의 재고를 보유한 곳이 매우 드물다.

휴지에 'WD-40' 스프레이 윤활유를 적셔 안테나 표면을 문질러 닦는다. 그러면 먼지와 헌 윤활유가 시커멓게 묻어 나온다. 다 닦은 뒤 라디오를 꺼서 안테나를 내린다. 안테나가 잘 내려가지 않으면 라디오를 끄는 순간에 조수에게 안테나를 밀어넣도록 시켜 모터의 힘을 보조한다.

다시 라디오를 켜서 안테나를 뽑아 본다. 아까 닦아 냈지만 다시 오물이 묻어 나올 것이다. WD-40을 적신 휴지로 닦고 안테나를 내렸다 올리는 일을 서너 번 되풀이한다. 원활하게 움직이면 다 고친 것이다.

안테나 자체에 WD-40 윤활유를 흠뻑 뿌려 주는 일은 피한다. 밑에 숨겨진 안테나 승강 장치의 윤활 그리스를 희석시켜 나중에 동작을 어렵게 하기 때문이다.

안테나가 뻑뻑하다고 안테나 자체에 윤활유를 뿌려 주면, 안테나 승강 장치의 윤활 그리스를 희석시켜 동작이 더 어려워진다.

전기

05 | 워셔액 분출이 약하다
워셔액 색소 찌꺼기가 노즐 막힘의 주원인이다

앞유리 워셔액이 저장통에 충분한데도 분사가 약한 것은 분사 노즐이 막혔거나 도중 연결 부위가 새는 것이다. 분사 노즐이 막히는 것은 워셔액 탱크에 섞여 있는 찌꺼기 때문이다. 워셔액 탱크에 찌꺼기가 섞여 있으면 분사 노즐만 떼어 내서 막힌 노즐을 뚫어 줘도 곧 다시 막힌다. 워셔액 탱크에서 발생하는 찌꺼기는 워셔액의 색소다. 탱크 내면에 붙은 찌꺼기를 청소해 주기 전에는 노즐을 뚫어도 소용이 없다. 색소가 없는 투명한 워셔액을 판매하면 이 문제는 없어질 텐데, 투명한 액체는 사람들이 생수로 혼동하고 마실까 봐 색소를 넣은 것인지, 투명한 물 한 통에 8백 원씩 내는 것을 아까워할까 봐 색소를 넣은 것인지는 모르겠다. 특히 값싼 워셔액일수록 찌꺼기가 심하게 생긴다. 워셔액들의 가격 차이는 얼마 되지 않지만 품질은 크게 차이가 난다.

워셔액 탱크는 대부분 앞바퀴 앞쪽 범퍼 속에 위치한다. 싼타페의 경우처럼 조수석 앞바퀴 위의 차체 속에 설치되는 경우도 있긴 하다.

워셔액 탱크를 청소하기 위해서는 차에서 떼어 내야 한다. 범퍼를 떼어 낼 필요는 없고, 바퀴 윗부분을 막고 있는 검정색 휠 가드 플라스틱 판을 떼어 내면 워셔액 탱크가 보인다. 휠 가드는 분할식 전용 플라스틱 리테이너 (고정용 클립, 일명 '물받이 판')로 고정되어 있다. 이 리테이너는 속의 (＋) 나사 부분을 잘 돌려 빼내면 재사용이 가능하기도 하지만 대부분 잘 빠지지 않아 잘라 내야 하기 때문에 작업하기 전에 부품 가게에서 여섯 개쯤 사오는 것이 좋다.

잭으로 차를 약간 들어올리거나 아예 앞바퀴를 빼내면 공간이 넓어서 작업하기가 편하다. 휠 가드가 고정되는 부분을 다 떼어 내면 워셔액이 담긴 반투명 플라스틱 탱크가 있다. 워셔액 탱크를 떼어 내기 전에 속에 담긴 워셔액은 빼내는 것이 좋다. 작업 중 흘러내려 옷을 더럽힐 수 있기 때문이다. 워셔액 탱크 바닥 쪽에 있는 워셔액 호스를 뽑으면 그 구멍으로 워셔액이 흘러나온다.

워셔액 탱크는 집 안에서 닦으면 편하다. 작은 수세미에 주방용 세제를 묻혀 워셔액 탱크 속에 넣은 뒤에 물을 약간 채우고 세게 흔들면 탱크 내부에 퇴적된 색소 찌꺼기가 닦인다. 벽에 붙어 있다 떨어져서 워셔액 속으로 섞여 들어가는 큰 찌꺼기들이 문제이므로 힘들여 탱크 내부를 빡빡 닦을 필요는 없다.

워셔액 색소 찌꺼기는 워셔액을 노즐까지 보내는 튜브 내부에도 붙는다. 워셔액 탱크를 아무리 잘 닦아도 튜브 내부가 더러워서 찌꺼기가 떨어져 나오면 노즐은 막힌다. 튜브 내부는 닦을 수 없으므로 깨끗한 새 제품으로 교환해 줘야 한다. 서비스 센터의 자동차 부품 창구에 가면 차종에 맞게 잘라 놓은 전용 튜브를 판다.

깨끗이 닦은 워셔액 탱크와 새 호스를 설치하면 작업은 끝난다. 워셔액 분사 노즐은 아직 막힌 상태이므로 호스를 끼우지 않은 채 분사되는 바깥쪽에서 바늘을 끼우지 않은 일회용 주사기(20cc 정도가 적당)에 물을 채워서 노즐에 밀착시킨 뒤 분사하면 막힌 것이 뚫리고 찌꺼기가 흘러나온다. 일회용 주사기는 아무 약국에서나 3백원 정도면 살 수 있다.

색소가 있는 시판 워셔액을 사용하면 노즐이 다시 막히는 것은 시간 문제다. 자동차 메이커의 순정품 워셔액이나 믿을 만한 메이커의 제품을 사용하면 색소 찌꺼기가 훨씬 덜 생기지만, 실제로는 이곳 저곳에서 증정품으로 받은 각종 메이커 제품을 사용하게 된다. 워셔액으로 맹물만 사용하면 색소 찌꺼기로 인한 문제는 피할 수 있지만 세척력이 약하고(특히 기름때는 전혀 닦지 못한다)

겨울에는 여지없이 얼어 버리기 때문에 별로 도움이 되지 않는다. 내가 쓰는 방법은, 맹물에 이소프로필 알코올 (isopropyl alcohol)을 20~40% 혼합해서 사용하는 것인데, 색소 문제도 없고 세척력도 우수하다. 색소가 없기 때문에 앞유리를 닦아도 가장자리에 워셔액 얼룩이 남지 않는다. 이소프로필 알코올 배합 비율을 높이면 겨울철에 −10℃ 정도까지 얼지 않으며, 동결 우려가 없는 여름에는 15%만 배합해도 충분한 세척력을 얻을 수 있다.

이소프로필 알코올은 화공 약품점에서 1 *l* 들이 플라스틱 통에 담아서 2천3백 원 정도에 살 수 있다. 15%로 배합해서 쓰면 오히려 시판 워셔액보다 값이 싸게 먹힌다. 이소프로필 알코올로 앞유리를 닦고 나면 잠시 동안 알코올 냄새가 난다.

워셔액 분사가 불량한 다른 경우는 튜브 연결 부위에서 워셔액이 새는 경우다. 이 때는 각 노즐에서 워셔액이 제대로 분사되기는 하는데 힘이 약해서 유리창을 충분히 적시지 못한다. 노즐이 막혔나 싶어서 아무리 뚫어 봐도 전혀 달라지는 것이 없다.

워셔액 튜브 연결 부위는 그냥 끼우기식으로 되어 있다. 투명한 폴리우레탄 튜브를 연결 부위에 끼워 넣으면 곧 탄력을 잃고 밀봉력이 저하되어 워셔액이 새기 때문에 연결 부위에는 탄력을 오래 유지하는 고무 튜브를 덧씌워서 고무 튜브의 탄력으로 연결 부위를 꽉 물고 있도록 해 두었다. 하지만 뜨거운 엔진 룸에서 오랜 시간이 지나면 고무 튜브도 탄력을 잃는다.

연결 부위가 느슨해지면 워셔액 펌프가 보내는 압력이 노즐까지 전달되지 않고 도중에 누설되므로 노즐에 도달하는 워셔액의 압력이 낮아진다. 압력이 약하면 분사가 제대로 되지 않는 것이 당연하다. 이렇게 튜브 연결 부위에서 워셔액이 새는 경우, 엔진 룸에 배치된 튜브를 잘 따라가다 보면 새어 나온 워셔액 색소로 인한 얼룩이 묻어 있는 곳을 발견할 수 있다. 색소가 배합된 워셔액을 사용하는 경우다.

임시 방편으로 연결 부위를 뽑고, 탄력을 잃어 느슨해진 튜브를 1cm쯤 면도칼로 잘라 내고 탱탱한 새 튜브 부분을 연결 부위에 꽂으면 누설이 사라지고 압력이 회복된다. 하지만 이렇게 해서는 한 달을 넘기지 못하고 다시 탄력을 잃는다. 이미 튜브 전체가 엔진 룸의 열로 노화되어 탄력이 떨어졌기 때문이다. 이럴 때에는 워셔액 탱크에 부착된 펌프 출구에 꽂힌 튜브부터 모두 새 것으로 바꿔 줘야 한다.

튜브 전체가 엔진 룸의 열로 노화되었을 때에는 워셔액 탱크에 부착된 펌프 출구에 꽂힌 튜브부터 모두 새 것으로 바꿔 줘야 한다.

전기

6 환기 장치

운전자들이 자동차의 환기 장치에 고장이 발생한 것을 알아차리는 시기는 대부분 5월과 10월에 집중된다. 5월에는 그 해 처음 에어컨을 틀어 보고서 에어컨 계통에 문제가 있다는 것을 알고는 정비소를 찾고, 10월에는 히터를 처음 켜 보고 따뜻한 바람이 나오지 않아 정비소로 간다. 에어컨이 고장나면 좀 참을 수 있다고 해도, 히터를 고치지 않고 겨울을 나기는 아무래도 곤란하다.

01 온풍이 따뜻하지 않다
냉각수의 과냉각은 실내 히터에 영향을 미친다

자동차 온풍은 약 85℃의 엔진 냉각수에서 얻는다. 엔진 쪽에서 보면 '냉각수'이지만 사람에게는 그 정도 온도면 히터에 사용해도 될 만큼 뜨거운 물이다. 만일 히터에서 나오는 온풍이 따뜻하지 않고 미지근하다면 주요인은 냉각수가 뜨겁지 않기 때문이다.

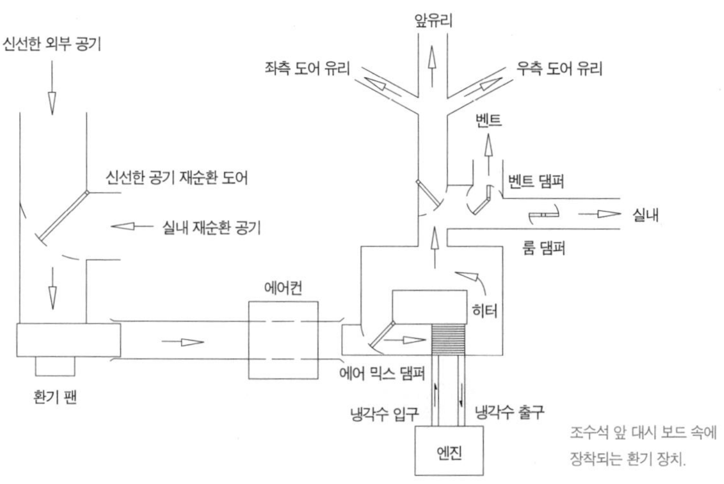

조수석 앞 대시 보드 속에 장착되는 환기 장치.

냉각수 온도는 계기판에 있는 냉각수 수온계에서 확인할 수 있다. 차종에 따라 정상적인 범위는 조금씩 다르다. 어떤 차는 중간보다 높은 곳이 정상 작동 온도인 반면, 어떤 차는 중간보다 낮은 곳이 정상치로 설정되어 있다. 현대자동차에서 생산되는 차들은 수온계에 희미한 회색 점이 두 개 찍혀 있는데, 그 사이에 바늘이 오면 정상 온도라는 뜻이다.

히터가 미지근하면 수온계 바늘이 정상보다 낮은 곳

에 위치해 있다. 히터가 미지근한 차들의 대부분은 신호 대기에 걸리거나 막히는 길에 접어들어 속력이 오르지 않으면 따끈한 바람이 나오지만, 고속 도로에라도 들어 갔다 하면 내내 썰렁한 바람이 히터에서 쏟아진다. 이것은 냉각수 온도를 일정하게 유지하고 과냉을 방지하는 서머스탯(thermostat ; 수온 조정기)이 고장난 결과다. 서머스탯은 감온 소재의 열팽창을 이용해서 밸브를 여닫아 냉각수가 라디에이터로 보내지는 양을 조절함으로써 고속 주행 중 냉각수의 온도가 지나치게 낮아지는 것을 방지한다. 서머스탯이 열린 채 고정되어 있거나 밀봉 패킹이 낡으면 서머스탯이 닫혀야 할 상황에서도 냉각수가 라디에이터를 통과하기 때문에 과냉이 된다. 서머스탯이 누설되면 엔진 시동을 처음 걸고 웜업이 될 때까지의 시간도 길어진다. 서머스탯은 부품 가격이 2천 원도 채 하지 않으므로 교체하는 것이 좋다.

라디에이터 주입구와 냉각수 보조 탱크.

　　서머스탯을 교환하기 전에 확인해 볼 것은 엔진 냉각 수의 양이다. 냉각수가 터무니없이 부족해서 객실 내부에 있는 히터 코어(heater core)까지 채울 수 없으면, 히터 코어는 열을 얻지 못하고 히터에서 뜨거운 바람이 나올 수 없다. 냉각수 양은 엔진이 식고 나서 라디에이터 캡을 2단계로 천천히 눌러 연 뒤에 확인한다.

라디에이터 주입구 속으로 보이는 내부의 알루미늄 코어가 냉각수에 잠겨 있지 않으면 냉각수가 부족한 것이다. 냉각수로 반드시 부동액을 보충해야 하는 것은 아니다. 0.5 l 이내의 소량이라면 수돗물을 부어도 전체 부동액 농도는 별로 떨어지지 않는다.

라디에이터가 냉각수로 채워져 있으면 엔진 룸의 냉각수 보조 탱크(반투명 플라스틱으로 되어 있다)와 상황에 따라 냉각수를 받거나 토해 내면서 라디에이터의 압력을 조절할 수 있다. 하지만 라디에이터 자체에 냉각수가 많이 부족하면 라디에이터 압력이 떨어져도 냉각수 보조 탱크로부터 냉각수를 빨아올릴 힘이 부족해서 라디에이터 보조 탱크에는 냉각수가 충분하지만 라디에이터 내부로 보충되지 않는 상태가 된다. 따라서 겉에서 쉽게 확인할 수 있는 라디에이터 보조 탱크에 담긴 냉각수의 양이 충분하다고 안심하면 안 된다.

대우자동차의 차량은 라디에이터에 별도의 캡이 없다. 이런 경우에는 냉각수 보조 탱크에 담긴 냉각수 양만 확인하면 된다.

흔치 않은 상태지만 센터 콘솔의 환기 장치 제어부에 위치한 온도 조절 다이얼 뒤편에서 환기 장치로 이어지는 와이어가 끊어지거나 연결부에서 빠져서 히터가 냉풍 상태에서 벗어나지 못하는 경우도 있다. 히터 코어가 아무리 뜨거워도 마치 온도 조절 다이얼을 냉풍으로 설정한 것과 같아서 환기 장치에서는 따뜻한 바람이 얻어지지 않는다. 이런 경우는 온도 조절 다이얼의 움직임이 가볍고, 다이얼을 돌려도 온도가 변하지 않는 것으로 사태를 파악할 수 있다. 이와 반대로, 와이어가 끊어질 때 온풍 위치에서 끊어지는 바람에 아무리 에어컨을 켜도 시원한 바람이 나오지 않는 경우도 있다.

02 | 에어컨이 시원하지 않다
에어컨 성능 저하는 거의 대부분 냉매 손실에서 비롯된다

요즘에 나오는 차들은 새 차일 때는 에어컨이 아주 잘 나온다. 푹푹 찌는 날 꽉 막힌 도로에서 장시간 공회전만 한다면 시원하지 않을 수도 있지만, 적어도 주행 중 더워서 고생하는 일은 없다. 그렇지만 3년쯤 지나면 처음의 썰렁함은 어디로 가고 미지근한 바람만 나오는 차가 많다.

에어컨의 작동 원리는 가정용 에어컨과 같다. 사용하는 냉매도 같아서 요즘은 지구 오존층 파괴가 적은(아주 없는 것은 아니다) HCFC 계열의 신냉매 R-134a를 사용한다. 냉매는 정확히 말하면 '가스'는 아니다. LPG와 비슷해서 상온에서도 압력만 높으면 액체가 된다.

에어컨은 냉매를 순환시켜 실내의 열을 외부로 펌프질한다. 실내에서 뽑아 내는 열은 엔진 룸 앞의 응축기에서 외부 공기 중으로 발산된다. 그래서 자동차는 에어컨을 작동시키면 응축기에서 발산되는 열로 엔진 룸 쪽이 더욱 뜨거워진다.

에어컨은 냉매가 부족하거나, 응축기에 흙먼지가 덮여 있으면 냉각 능력이 떨어진다. 응축기에 흙먼지가 덮여 있을 때는, 강력하게 물을 분사하거나 압축 공기를 이용하여 씻어 주면 에어컨이 최상의 컨디션을 유지할 수 있다.

에어컨 응축기가 흙먼지로 덮여 있으면 주변으로 열을 발산하는 능력이 저하되어 에어컨의 냉각 능력이 저하된다. 1년에 한 번쯤 셀프 세차장의 강력한 물 분사나 카 센터에서 사용하는 압축 공기를 이용하여 응축기의 흙먼지를 씻어 주면 에어컨이 최상의 컨디션을 유지할 수 있다.

에어컨은 냉매로 동작하므로 냉매가 부족하면 에어컨의 성능이 떨어진다. 그래서 대부분의 카 센터는 6월쯤이면 '에어컨 가스 보충'이라는 현수막을 내걸기에 바쁘다. 냉매에는 압축기 윤활용 특수 오일(에어컨의 저온에서도 굳지 않는)이 배합되어 있는데, 냉매가 누설되면서 오일도 함께 누설된다. 그래서 냉매가 새어 나간 흔적을 보면 오일 자국이 묻어 있다. 예전에는 거의 모든 카 센터가 에어컨 냉매만 보충하고 압축기용 오일에 대해서는

전혀 신경 쓰지 않았다. 요즘은 전자동식 냉매 보충기가 많이 보급되어 있는데, 이 장치는 냉매를 보충할 때 일정 비율로 압축기용 오일도 함께 섞어서 주입시켜 준다.

　냉매를 보충해도 다음 여름에 에어컨을 틀어 보면 다시 미지근해지는 경우가 많다. 하지만 냉매는 해마다 보충해야 하는 소모품이 아니다. 냉매가 1년 사이에 없어지는 것은 겨울철에 에어컨 관리를 등한시했기 때문이다. 겨울철에도 1주일에 5분쯤은 에어컨을 작동시켜야 압축기 구동축 밀봉 실을 통해 냉매가 누출되는 것을 방지할 수 있다. 이 사항은 자동차 사용 설명서에 약방의 감초처럼 나오지만 제대로 지키는 사람이 많지 않다. 겨울에 에어컨을 가동시켜 주는 일만 잊지 않으면 폐차 때까지 냉매를 보충할 필요가 없다.

　충돌 사고 등으로 어딘가 연결부가 깨져서 냉매가 하나도 남아 있지 않으면 고장 부위를 수리한 뒤 먼저 공기 빼기 작업을 해야 한다. 공기 빼기를 하지 않고 냉매를 주입하면 에어컨 계통 중에 공기와 냉매가 함께 순환하게 된다. 공기는 제아무리 압축해도 액체가 되지 않으므로 냉각 기능에 아무런 도움이 되지 못한다. 또 공기가 차지하는 만큼 냉매가 덜 들어가기 때문에 냉각 성능이 떨어진다. 따라서 냉매를 새로 채워 넣기 전에는 진공 펌프를 연결해서 공기 빼기 작업을 한 뒤에 냉매를 주입해야 한다. 웬만큼 냉매가 남아 있는 상태에서 보충할 때는 그 동안 남아 있는 냉매의 내부 압력 때문에 공기가 들어가지 못한 상태이므로 공기 빼기 작업은 필요 없다.

　자동차에 필요한 다른 각종 액체처럼 냉매도 꾸역꾸역 많이 넣는다고 좋은 게 아니다. 냉매를 과충전하면 에어컨 계통 중의 액체와 기체의 비율이 최적치에서 벗어나서 냉각 능력이 오히려 떨어진다. 냉매를 심하게 과충전하면 에어컨 작동 중 압축기에서 "다다다다" 하는 오토바이 소리가 나면서 압축기 내부가 터지기도 한다.

충돌 사고 등으로 연결부가 깨져서 냉매가 하나도 남아 있지 않으면, 고장 부위를 수리한 뒤 먼저 공기 빼기 작업을 한 뒤에 냉매를 주입한다.

03 | 온도 조절이 안 된다
수동식 온도 조절 장치가 고장이 적고 수리비도 싸다

센터 콘솔의 온도 조절 다이얼을 돌려도 통풍구에서 나오는 바람 온도가 잘 변하지 않는 것은 다이얼의 움직임을 환기 장치에 연결해 주는 케이블이 끊어졌거나 연결부가 빠졌기 때문이다.

케이블이 끊어졌으면 케이블만 교환하면 되지만, 케이블 연결 부위가 끊어졌으면 골치가 아프다. 연결 부분 플라스틱 부속만 따로 팔지 않기 때문에 고가의 환기 장치 전체를 교환하는 수밖에 없다. 그렇다고 그 플라스틱 하나 때문에 환기 장치 전체를 교환하는 것은 정말 비경제적이다.

온도만 자동으로 맞춰 주는 반자동식 환기 장치는 좌우로 온도 조절 레버를 밀어 희망 온도에 놓으면 목표 온도에 맞춰 환기 장치의 온도 조절판이 자동으로 움직이며 냉풍 또는 열풍을 조절해서 보낸다. 희망 온도를 맞추는 레버는 가변 저항 장치를 사용하는데, 오래 사용하면 이 가변 저항의 접점이 닳아 버리는 수가 있다. 특히 주로 많이 사용하는 온도 부근에서 집중적으로 움직이기 때문에 그 부분의 접점에 구멍이 난다. 접점이 닳아 버리면 온도를 맞춰도 일정하게 잘 맞지 않고 환기 장치 온도 조절판이 제자리를 잡지 못하고 계속 움직인다.

이 경우 해당 부품(가변 저항) 또는 온도 조절기 전체를 교환해야 한다. 폐차장에서 구해 와서 교환할 수도 있는데, 폐차 부품에 달려 있던 가변 저항도 웬만큼 닳아 있는 상태이므로 얼마 사용하지 않아 다시 문제가 발생한다. 돈이 좀 더 들더라도 새 것으로 바꾸는 것이 낫다.

흔치는 않지만 카 오디오를 교환하는 작업을 하면서 작업 공간을 확보하기 위해 환기 장치 조절 케이블을 빼놓았다가 잊어버리고 다시 끼워 넣지 않은 경우가 있다.

04 | 바람이 나오지 않는다
간단한 것에서 고장 원인을 찾게 되는 경우가 많다

환기 장치에서 아예 바람이 나오지 않는 것에는 세 가지 경우가 있다. 첫째는 송풍 모터가 전혀 돌지 않는 것이다. 둘째는 1단이나 2단에서만 모터가 돌지 않는 상태다. 셋째는 송풍 모터가 도는 소리가 나긴 하는데 바람이 나오지 않는 것이다. 각각의 경우 확인해 봐야 할 곳이 다르다.

첫째 상황, 전 단수에서 모터가 돌지 않는 상태에서 먼저 확인할 곳은 퓨즈 박스다. 환기 장치용 퓨즈는 운전석 옆의 실내 퓨즈 박스에 있다. '블로어(blower)'라고 표기되어 있다. 퓨즈가 정상이라면 모터를 확인한다. 모터는 조수석 발 놓은 바닥에서 바로 위를 쳐다보면 글러브 박스 뒤편에 숨어 있다. 시동을 건 상태에서 환기 장치에서 최대 풍량으로 맞춰 놓은 뒤 모터에 연결되는 커넥터를 빼서 전압이 12V 이상 나오는지 확인한다. 전압이 나오는데 모터가 돌지 않으면 모터 고장이다.

커넥터에 전압이 나오지 않으면 센터 콘솔에 있는 환기 조절 장치의 풍량 조절 스위치가 고장이다. 물론 그 이전에 환기 조절 장치 뒤에 꽂힌 커넥터를 흔들어 봐서 부식으로 인한 접촉 불량은 없는지 확인해야 애꿏은 스위치를 교환하는 실수를 범하지 않는다. 많은 카 센터는 이것저것 닥치는 대로 부품부터 갈아 보자는 식으로 나가는데, 멀쩡한 부품을 갈아서 효과가 없어도 부품값은 고객 부담이 되고 만다. 나중에 설명할 내용이지만, 좋은 카 센터는 수리보다 진단에 더 많은 시간을 할애한다.

둘째, 1단이나 2단에서만 모터가 돌지 않는 상황이라면 모터의 출력을 낮춰 주는 저항선이 끊어진 것이다. 이 용도에 사용하는 저항선은 가느다란 금속선을 돌돌 감아서 만든 것인데, 1단용이 가장 가늘고 3단용이 가장 굵

환기 장치

다. 4단은 저항선 없이 직접 모터에 배터리 전압을 공급하므로 최대 출력이 나온다. 가장 가는 1단용 저항선이 끊어지기도 쉽다.

저항선은 글러브 박스 너머에 장착된다. 저항선에 전기가 흐르면 열이 발생하기 때문에 환기 장치 속을 흐르는 바람에 노출시켜 공랭식으로 열을 식히는 구조로 되어 있다. 글러브 박스를 떼어 내면 환기 장치에 박혀 있는 커넥터가 보이는데, 커넥터 옆의 나사를 풀면 저항선 뭉치가 빠져 나온다. 끊어진 저항선은 이어서 수리할 수 없고, 저항선 부품 전체를 교체한다.

셋째는, 모터는 회전하는데 바람이 나오지 않는 상황으로 에어컨을 틀었을 경우에만 발생한다. 에어컨 실내기(증발기)에 서리가 두껍게 껴서 바람 구멍을 다 막아 버린 것이다. 정상적인 차에서는 이런 경우가 거의 발생하지 않는다. 에어컨이 너무 강하게 동작해서 증발기 온도가 과냉되면 에어컨을 일시적으로 정지시키는 에어컨 서머스탯이 있기 때문인데, 이 서머스탯이 고장나면 이런 현상이 발생한다. 길이 막힐 때는 에어컨 능력이 약해서 서리가 낄 정도까지 냉각되지 못하지만 뻥 뚫린 길을 좀 고속으로 주행하면 에어컨이 최고 능력으로 증발기를 냉각시키면서 서리가 차츰차츰 두꺼워지게 되고 이내 바람이 아예 나오지 않게 된다. 이 때 에어컨 스위치를 5분쯤 꺼 주면 서리가 녹아 바람 구멍이 열려서 바람이 나올 수 있게 된다. 1년에 한 번 정도면 괜찮지만 자꾸 이런 현상이 발생하면 정비소에서 서머스탯의 성능을 시험해 봐야 한다.

05 | 모드 전환이 불가능하다
진공 모터식 환기 조절 장치에서 주로 발생한다

바람을 어느 방향으로 분출시킬 것인지를 결정하는 환기 모드 전환이 불가능해지는 고장은 기계식 환기 조절 장치에서는 거의 발생하지 않고 훨씬 가격이 높은 진공 모터식 환기 조절 장치에서 주로 발생한다. 기계식 환기 조절 장치는 운전자의 손가락 힘으로 풍향 전환 댐퍼를 직접 움직이게 되어 있다. 이와 달리 진공 모터식 환기 조절 장치의 경우에 운전자는 진공 밸브를 전환할 뿐이고, 댐퍼는 진공에 의해 흡인되는 피스톤이 움직인다. 진공 모터식은 환기 모드를 전환할 때 조그맣게 "쉬" 하는 소리가 나므로 공기가 빠져 나가며 진공 상태가 되는 것을 알 수 있다.

진공 모터식에서 모드 전환이 불가능해지는 것은 주로 진공 호스가 빠졌기 때문이다. 진공 호스는 엔진 룸 쪽에서 정비 작업을 할 때 걸리거나 실내에서 카 오디오 교환 작업을 할 때 환기 조절 장치로 연결되는 호스를 건드려서 빠지는 경우가 많다.

이 밖에 다른 현상으로 액셀러레이터를 많이 밟으면 사용자의 모드 선택과 상관 없이 특정 모드로 바뀌는 경우가 있다. 액셀러레이터에서 힘을 빼면 사용자가 선택했던 모드로 돌아간다. 이것은 환기 조절 장치가 진공을 유지하지 못하고 엔진 쪽으로 빼앗기기 때문이다. 액셀러레이터를 많이 밟아서 엔진 쪽 진공도가 떨어지면 환기 조절 장치가 저장한 진공이 엔진 쪽으로 희석되면서 환기 조절 장치용 진공 모터가 일시적으로 힘을 잃는다.

엔진과 환기 조절 장치 진공 탱크 사이에는 체크 밸브(check valve)가 있어서 엔진 쪽으로 진공이 희석되지 않도록 방어하고 있지만, 고장으로 체크 밸브 밀봉이 불량하면 이러한 현상이 발생한다.

액셀러레이터를 많이 밟으면 모드 선택과 상관 없이 특정 모드로 바뀌는 경우가 더러 있다. 이 경우에는 엑셀러레이터에서 힘을 빼기만 하면 선택한 모드로 돌아간다.

환기 장치

06 | 송풍기에서 소음이 난다
송풍기 모터가 마모되면 수리보다는 교환이 일반적이다

환기 장치 송풍기를 켰을 때 "타르르르" 하는 소리가 나면 밖에서 들어온 나뭇잎 따위가 팬과 닿고 있는 경우가 많다. 환기 장치 공기 입구는 앞유리 밑의 그릴에 있는데, 작은 낙엽 조각은 그 속으로 들어갈 수 있다.

송풍기는 조수석 발 위쪽에 있는데 나사를 풀면 쉽게 밑으로 분리된다. 송풍기 날개 속에 나뭇잎 따위가 들어가 있으면 제거한 뒤에 조립하면 소리가 사라진다.

5년쯤 송풍기를 열심히 사용한 차는 송풍기 모터의 브러시가 마모되어 소리가 나기도 한다. 브러시는 직류 모터 회전자回轉子에 전력을 공급해 주는 부분으로서, 모터가 회전하는 동안 계속 마찰하므로 오래 사용하면 자연적으로 마모된다. 소형 모터의 경우에는 브러시만 따로 바꾸기는 불가능하고 모터 전체를 교환해야 한다. 모터가 환기 장치에 고정된 부분을 분리해서 송풍 팬이 붙어 있는 상태로 떼어 낸 뒤 송풍 스위치를 1단에 놓고 돌려 봐서 모터에서 쇳소리가 나면 모터를 바꿔야 한다.

송풍기 날개에 나뭇잎이 들어가서 소리가 나거나, 송풍기를 5년쯤 사용하여 송풍기 모터의 브러시가 마모되어 소리가 나기도 한다.

07 | 조수석 바닥이 젖어 있을 때
여름과 겨울에 그 원인이 다르다

어느 날 조수석 바닥 매트를 들어 보면 속이 축축한 것을 발견하게 된다. 물기는 급한 대로 신문지를 여러 장 놓고 눌러서 빨아들이는 방법으로 제거한다. 여기서는 자동차 유리창이나 차체 밀봉이 부실해서 빗물이 새는 것말고 환기 장치 고장에 의해 물이 새는 것만 생각해 보도록 하자.

오랫동안 부동액을 교환하지 않은 차에서 주로 발생하는 현상은 실내에 있는 히터 코어가 부식되어 구멍이 나는 것이다. 부동액에는 부식을 억제하는 방청제 성분이 배합되어 있는데(이 성분은 독극물이므로 부동액을 마시면 절대로 안 된다), 방청제는 부식을 억제하기 위해 조금씩 소모되면서 농도가 낮아진다. 방청제 때문에 부동액은 3년에 한 번은 교환해 줘야 한다.

부동액 교환을 게을리하면 방청제 성분이 소진되고 냉각수가 흐르는 각 부분에서 부식이 진행된다. 이렇게 부식이 진행되면 두께가 가장 얇은 라디에이터와 히터 코어에 먼저 구멍이 난다. 히터 코어는 카 오디오 뒤편쯤에 있는데, 조수석 쪽에 치우쳐 있으므로 구멍난 히터 코어에서 냉각수가 새면 조수석 쪽 바닥에 고인다. 이 때 실내에는 부동액의 주성분인 에틸렌글리콜에서 나는 달짝지근한 냄새가 퍼지기도 한다.

히터 코어도 교체하기 곤란한 부품이다. 히터 코어까지 접근해 들어가려면 앞유리 밑의 거의 모든 기계 장치를 다 뜯어 내야 하므로 분해하는 데 반나절, 조립하는 데 또 반나절이 걸린다. 공임이 엄청나게 들어가는 작업이다. 손수 하는 것은 상상조차 하지 않는 것이 좋다. 게다가 계기판, 센터 콘솔 부분을 다 뜯었다 붙이면 나중에 엄청난 잡소리에 시달리게 된다. 따라서 뜯지 않고 고칠

오랫동안 부동액을 교환하지 않아 실내에 있는 히터 코어가 부식되어 구멍이 나서 냉각수가 새면 조수석 쪽 바닥이 젖는다.

환기 장치

수 있는 방법을 생각해 보는 것이 좋다.

큰 자동차 용품점에 가면 라디에이터 펑크 수리제를 판매한다. 이것은 셀룰로오스 성분으로, 냉각수에 배합하면 라디에이터나 히터 코어의 구멍난 부분에서 공기 중으로 새어 나오면서 공기와 열로 인해 밥풀처럼 굳어지며 구멍을 막는다. 큰 구멍은 막지 못하지만 쓸 만한 제품이다.

부동액이 새는 것이 아니라 에어컨 응축수가 새는 경우도 있다. 에어컨 증발기는 작동 온도가 낮기 때문에 공기 중의 수분이 증발기 표면에 이슬로 맺힌다. 이것을 응축수라고 하는데, 모아진 응축수를 배출하는 호스가 에어컨 증발기 하우징 밑에 끼워져 있다. 그래서 에어컨을 가동할 때마다 차 밑에 물이 똑똑 떨어지는 것이다. 공기 중의 습도가 높을수록 물은 더 많이 떨어진다.

응축수를 배출하는 호스가 실내에서 빠져 있으면 증발기 응축수가 외부로 배수되는 대신 조수석 바닥으로 배수되어 바닥을 적신다. 특히 환기 장치가 조수석 승객이 발을 움직이는 범위에 고스란히 노출되어 있는 승합차에서는, 조수석 승객이 자칫 발로 이 배수 호스를 건드려서 빠지게 하기도 한다.

에어컨 증발기에 맺힌 응축수를 배출하는 호스가 실내에서 빠져 있으면 조수석 바닥으로 응축수가 새는 경우도 있다.

08 | 에어컨에서 나오는 흰 연기
에어컨 성능이 좋으면 흰 연기가 나온다

에어컨을 틀다 보면 실내 환기구에서 흰 연기가 나온다. 아주 짙은 것은 아니지만 사람을 놀라게 하기에는 충분하다. 이것은 연기가 아니라 에어컨에서 나온 찬 공기와 실내의 습한 공기가 섞이면서 조그맣게 구름을 형성하는 것이다. 인체에 무해한 수증기이므로 걱정할 필요가 없다. 에어컨에서 흰 연기가 나올 정도라면 그 차의 에어컨은 아주 성능이 좋다고 봐도 된다.

09 | 앞유리 제습 때 에어컨이 제멋대로 작동한다
신형차들은 앞유리 제습과 에어컨이 연동된다

베르나와 티뷰론 터뷸런스의 예를 들자면, 환기 장치를 조작해서 앞유리로 바람이 나오게 하면 에어컨 스위치를 누르지 않았는데도 에어컨이 작동한다. 그러나 이것은 고장이 아니라 원래 그렇게 만든 것이다.

앞유리로 바람이 나오게 하는 것은 앞유리에 끼는 습기를 제거하기 위한 것인데, 에어컨을 함께 작동시키면 제습 능력이 크게 향상된다. 게다가 앞유리 습기 제거 모드는 자주 작동되는 모드이기 때문에 에어컨 압축기를 동작시키는 빈도도 증가하고, 장시간 사용하지 않아 냉매가 손실되는 것도 자연스럽게 예방할 수 있다.

정비업소 이용

차를 고쳐 주는 곳에는 여러 종류가 있다. 업소가 크다고 기술력이 반드시 뛰어난 것은 아니다. 대형 정비 사업소에서 일하다가 실력이 되면 독립해서 카 센터를 차리는 사람도 많다. 메이커에서 직영하는 정비 사업소는 각종 장비가 잘 구비되어 있고 표준 기술을 사용한다는 장점이 있는 반면 수리에 융통성이 없다는 단점이 있다. 뭐 하나 고장나면 '부품째 교환'이 기본이다. 게다가 수리비가 비싸고 오래 기다려야 할 경우가 많다. 그래도 찌그러진 부분을 수리하는 '판금 작업'은 직영 정비 사업소가 최고의 실력을 갖추고 있다. 1급과 2급 정비소를 분류하는 기준은 업소의 면적이다.

01 | 좋은 카 센터 찾기
좋은 카 센터를 발견하려면 운이 따라야 한다

카 센터는 전국 곳곳에 퍼져 있다는 것이 최대 강점이다. 각종 타이어, 휠 등 다양한 물품도 많이 구비해 놓고 있으며 고객의 취향에 따라 수리의 강도가 조절된다. 고객의 주머니 사정이 넉넉지 않으면 임시 방편으로 고쳐주는 일도 마다하지 않는다. 그래서 늘 새 부품으로 갈아 끼우는 것이 부담이 되는 고물차에는 고마운 곳이기도 하다. 좋은 카 센터를 발견하려면 운이 따라야 한다. 어떤 사람은 처음 간 집에 만족하기도 하지만, 어떤 사람은 여러 집을 돌아다녀 봐도 기술자의 실력에 만족하지 못하기도 한다. 차와 그 주인에게는 배우자를 잘 만나는 일만큼 중요한, 좋은 카 센터 고르기에 대해서 알아보자.

위치

카 센터는 집이나 사무실에서 가까운 곳으로 고른다.

카 센터는 용하다는 소문을 듣고 멀리까지 찾아가는 식으로 고르면 나중에 힘들어진다. 갑자기 고장이 발생했을 때, 차를 간신히 끌고 갈 수 있을 정도의 거리에는 있어야 한다. 회사 주변에 있는 카 센터라면 낮에 근무 시간 중에 차를 고치도록 맡겨 놓을 수 있으므로 아주 좋다. 집 근처에 있는 카 센터라면 휴일에도 영업하는 곳이 이용하기 편리하다.

분위기

또 한 가지, 정비 기사의 성격이 좋다고 해서 모두 좋은 카 센터는 아니다. 작업 공간이 지저분한 카 센터는 피한다. 너무 화려한 곳도 좋지 않다.

자기 일에 자부심이 있는 정비사라면 작업 공간을 돼지우리처럼 만들지는 않는다. 바닥에 폐오일이 질펀하고 각종 장비에 먼지가 더럽게 앉아 있는 카 센터라면 정비사 실력에 문제가 있다고 봐도 된다. 싼 값에 수리할 수는 있겠지만 결과가 만족스럽지는 않을 것이다.

너무 화려한 업소도 조심해야 한다. 이런 집은 차를

고치는 것보다는 마진이 큰 용품을 판매하는 데 주력하는 경우가 많다. 종업원이 권하는 용품들을 다 구매할 능력이 되지 않는 자신이 초라하게 여겨지는 분위기를 조성하는 곳이라면 가지 않는 것이 좋다. 이런 집일수록 괜히 배짱을 퉁기면서 "아저씨가 안 사도 살 사람은 많아요"라는 식으로 고객의 자존심을 긁어서 홧김에 신용카드까지 긁게 만든다.

또 한 가지, 정비 기사의 성격이 좋다고 모두 좋은 카 센터는 아니다. 사람 좋은 것하고 실력이 뛰어난 것이 반드시 일치하지는 않는다. 그리고 가족 중에 아는 사람이 있거나 해서 소개받아 가는 경우에는 한 번 더 생각해 봐야 한다. 수리 결과가 불만족스러워도 아는 사이에 뭐라고 말할 수가 없어서 속으로 끙끙 앓는 경우가 많다.

공구

자동차 정비에는 여러 가지 공구가 필요하다. 한 달에 한 번 쓸까 말까 하는 특수 공구라도 갖춰 놓는 카 센터가 있는가 하면, 웬만한 작업은 망치와 플라이어로 다 해치우는 집도 있다. 정비에 정성을 기울이는 정비사라면 각종 공구를 장만하는 데 인색하지 않다. 똑같아 보이는 (+) 나사라도 크기에 따라 1번, 2번, 3번 규격이 제각기 있다. 2번 드라이버로 3번 나사를 풀려고 하

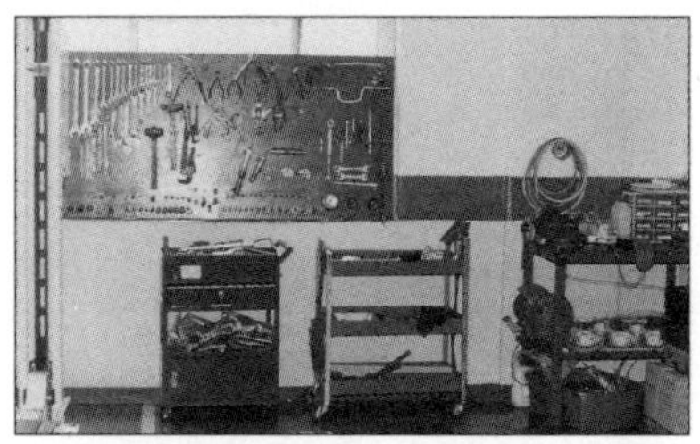

면 나사 머리가 뭉개지므로 3번 드라이버를 사용해서 풀어야 한다. 그럴 때 옆에 있는 2번 드라이버로 대충 풀어버리는 집이 있고, 벽의 공구대에서 3번 드라이버를 꺼

각종 공구가 잘 정돈된 카 센터. 용도에 맞는 다양한 공구는 필수적이다.

내서 제대로 작업하는 집이 있다. 그런 차이가 곳곳에서 드러난다. 휠이 잘 빠지지 않는다고 쇠망치로 마구 두드려 대는 집이 있고, 휠 표면에 자국이 남지 않는 고무 망치로 두드리는 집이 있다(당연히 후자가 바람직하다).

가격

무조건 싸다고 좋은 것은 아니다. 가지고 있는 장비의 등급에 따라, 정비사의 실력과 자부심에 따라 공임이 달라진다. 실력이 좋은 곳은 공임이 비싸지만 작업 결과가 확실하다. 싼 게 비지떡이라는 말은 카 센터에서도 예외가 아니다. 결과가 영 찜찜하지만 작업은 했으니 돈을 줄 수밖에 없는 경우가 생기지 않도록 해야겠다.

일부 카 센터는 사용한 부품비와 작업 공임을 구분해서 명세서에 청구한다. 바람직한 방법이다. 옛날 방법이 '발전기 교환 10만 원'이라면 이 방법은 '발전기 값 6만 8천 원, 공임 3만 원' 하는 식으로 비용 구분과 정확한 가격을 제시한다. 사용한 부품의 가격이 바가지인지 아닌지, 그것이 새 부품인지 중고 부품인지 다른 곳과 비교할 수 있어서 고객에게도 좋고, 정비사로서도 자신의 근로에 대한 정당한 대가를 명시함으로써 자부심이 생기고 신뢰를 얻을 수 있다.

흔히 공임을 깎으려고 하는데, 그 돈을 줄 테니 고객이 직접 해 보라고 하면 할 말이 궁해진다. 정비사가 일을 똑바로 처리한다면 공임이 아깝지 않을 것이다.

실력이 좋은 카 센터는 수리에 들어가기 전에 비용을 알려 준다. 어디가 고장인지 정확히 알아서 작업 시간을 예측할 수 있으므로 공임도 예상할 수 있기 때문이다. 반면, 실력이 떨어지는 카 센터는 진단이 끝난 뒤에 예상 비용을 물어 보면 "고쳐 봐야 알죠" 하고 얼버무리기 일쑤다. 이런 경우 나중에 상상 외의 금액을 청구하는 일까지 드물지 않다.

진단

아파서 병원에 가면 의사는 각종 첨단 의료 장비를 써서 문제 부위를 찾아 낸 뒤 수술에 들어간다. 카 센터도 이런 식으로 차를 확실하게 진단하고 문제점을 확정한 뒤 수리에 들어가야 한다. 애석하게도 지금까지의 카 센터는 일단 뜯어 보고 시작하자는 분위기였다. 다행히 요즘 들어 각종 진단 장비를 갖추고 영업하는 카 센터가 늘고 있다. 10년 전만 해도 카 센터에 가면 진단 장비는 없고 수리용 공구만 있었다.

진단을 한 다음에는 고객이 선택을 할 차례다. 이 고장을 고칠 것인가, 고친다면 중고 부품으로 싸게 바꿀 것인지 신품으로 바꿔서 오랫동안 차를 사용할 것인지를 고객이 선택할 수 있도록 해야 한다. 1년쯤 있다가 팔아 버릴 차에 괜히 큰 돈 들여서 수리할 필요가 없다는 고객도 있을 것이다. 이럴 경우에는 1년 정도는 거뜬히 타도록 중고 부품을 써서 적은 비용으로 수리해 주는 곳이 좋은 카 센터라고 할 수 있다. 모두 신품으로만 교환해 준다고 해서 좋은 카 센터는 아니다. 고객에게 올바른 정보를 주고 고객이 선택하는 데에 따라 기존 부품을 수리하기도 하고, 신품으로 교환해 주기도 하는 카 센터가 좋은 곳이다.

02 | **영업 형태**
차를 단순한 돈벌이 수단이 아니라 고객의 재산으로 봐야 한다

차를 뜯어 놓고서 "아저씨, 이거 옛날에 어디서 고쳤어요?"라고 불평하곤 하는 카 센터가 있다. 다른 사람이 해 놓은 것은 엉터리고 자기네가 하는 게 진짜라는 뜻이다. 좋은 카 센터는 남을 비방하기보다는 고객들이 저절로 기사의 실력에 감동할 수밖에 없도록 하는 곳이다.

어떤 카 센터는 돈벌이가 되지 않는 수리는 "이 정도는 그냥 타세요"라고 하며 돌려보내기도 한다. 어디가 문제라는 말도 없고, 고치면 얼마 정도 든다는 설명도 없이 그저 "다음 손님!" 하고 부르기에 바쁜 것이다.

한 가지 수리를 하면서 여러 정비사가 손을 대는 카 센터는 피해야 한다. 한 정비사가 한 고객의 차를 맡아서 지속적으로 수리하지 않으면 나중에 조립할 때 나사를 빼먹는 수도 있고, 자기가 작업의 책임을 지지 않으므로 까다로운 부분은 수리하지 않고 그냥 덮어 버리는 수도 있다.

한 가지 수리를 하면서 여러 정비사가 손을 대는 카 센터는 피해야 한다.

03 정비 구경할 때의 예의
작업을 방해하지 않도록 주의한다

정비 공장이나 카 센터에 차를 고쳐 달라고 맡겨 놓은 뒤 나중에 찾아가는 것보다는 정비하는 과정을 옆에서 지켜보는 것이 유익할 때가 많다. 그러면 어디를 어떻게 뜯고 고장을 어떻게 찾아 내는지, 고장을 일으킨 부품이 어떤 상태인지 확인할 수 있다. 다만, 이 때 무작정 정비사 옆에 붙어서 구경하면 위험하기도 하고 정비사의 움직임에 방해가 되기도 한다.

가장 중요한 것은 차가 리프트로 높이 올려졌을 때 차 바로 밑에는 되도록 들어가지 않는 것이다. 정비사는 작업 중 리프트를 수시로 올리고 내리는데, 사람이 차 밑에서 보고 있는 것을 모르고 리프트를 내리면 사고가 발생할 수 있다. 흔히 정비사들은 리프트를 내려야 할 때 차 밑에 사람이 있지나 않은지 확인한 뒤에 내리지만 어쩌다 확인하지 못하는 경우가 생길 수도 있기 때문이다.

자동차 하체에는 구경할 것이 많다. 그 동안 비포장 도로를 주행하면서 찌그러져 움푹 패인 상처도 있고 각종 신기한 장치들도 있는데, 하체를 관찰할 때는 차 바로 밑에 들어가지 말고 아래쪽 옆에서 보도록 한다. 리프트에 올려진 차가 내려와도 깔리지 않을 범위까지만 접근하는 것이 좋다.

안 보는 척하면서 정비사 뒤에 바싹 붙어서 훔쳐보는 식으로 하면 정비사가 부담스러워하고 작업 중 팔을 놀리는 데 방해가 된다. 1m쯤 떨어져 옆에서 보는 것이 가장 좋고 맞은편에서 거리를 두고 구경하는 것도 좋다.

고객의 질문은 정비사의 사기를 북돋는 데 도움이 된다. 고장 부품을 떼어 냈으면 "이것 때문에 그 동안 시동이 자꾸 꺼졌나요?"라고 한 마디 물어 보면 정비사는 그 부품이 뭐 하는 부품이고, 그 동안 얼마나 많은 고객이

자동차 하체는 한번 관찰해 볼 만하다. 그렇다고 해서 리프트로 높이 올린 차 바로 밑에 들어가지는 않도록 한다. 조금 떨어져 아래쪽 옆에서 지켜 보는 예의가 필요하다.

정비 상식

같은 고장으로 자기 업소를 찾았는지 따위 여러 가지 유용한 정보를 들려준다. 다만 정비사가 신경을 집중해야 하는 작업을 하고 있을 때 말을 많이 걸면 작업에 좋지 않은 영향을 줄 수 있다.

정비소나 카 센터에서 좋아하지 않는 손님은 '내가 정비왕' 스타일의 고객이다. "이거 시동이 자꾸 꺼지는데 (점화) 플러그 좀 바꿔 줘" 하고 차 열쇠를 놓고 가는 고객은 정비사가 별로 도와 줄 여지가 없다. 설령 점화 플러그가 아니라 간단한 커넥터 접촉 불량으로 시동이 꺼졌던 것이라 해도 고객의 주문이니 멀쩡한 점화 플러그를 교환해 줄 수밖에 없다. 고객은 정비사에게 고장의 증상, 발생하는 시점, 발생 빈도, 그 고장을 고치기 위해 과거에 다른 정비소에서 했던 수리 내역만 자세히 이야기해 주면 된다. 진단은 정비사가 한다. 그 업소 정비사의 진단이 신뢰가 가지 않으면 고객은 차를 몰고 다른 업소로 옮기면 된다.

정비소에서는 수리 중인 다른 차를 구경할 기회도 자주 있다. 다른 차종을 보면 내 차에는 없는 장치가 달려 있기도 해서 신기할 때가 많다. 다른 차를 구경할 때는 차 주인이 옆에 있으면 칭찬을 해 주는 것이 좋다. 차가 연식에 비해 상태가 깨끗하다는 이야기가 가장 편하게 할 수 있는 칭찬이다. 고급 휠이나 타이어를 장착하고 있으면 "휠 좋네요"라고 한 마디 보태 주면 더 좋다. 아부처럼 들리지 않을까 싶으나, 상대방이 누구든 칭찬을 들으면 왠지 기분이 좋아지는 것은 어쩔 수 없다.

다른 차를 구경할 때나 정비소의 장비를 구경할 때는 아무것이나 열어 보거나 집어 들지 않도록 해야 한다. 정비 기사들의 공통된 불평은, 새로 사 놓은 드라이버 같은 장비들이 어느 새 없어지곤 한다는 것이다. 괜히 참외밭에서 신발끈을 매는 식의 오해를 사지 않도록 행동을 조심하는 것이 좋다.

04 | 정비 현장 용어
일본식 현장 용어는 알아듣기 어렵다

자동차 정비사 중에는 정식 교육을 받지 못하고 처음부터 조수로 일하면서 어깨 너머로 기술을 배운 사람이 적지 않다. 그래서인지 현장에서 쓰는 말도 일제 강점기부터 전해 오던 일본식 용어가 많아서 고객들로서는 정비사들이 무슨 이야기를 하는지 알아듣기 어려운 경우가 많다.

엔진

헷도 실린더 헤드(cylinder head)다. 엔진의 몸통이 엔진 블록이라면 실린더 헤드는 연소실의 뚜껑임과 동시에 엔진 덩어리의 위쪽 절반을 차지한다. 엔진이 DOHC로 옮겨 가면서 실린더 헤드 덩치가 엄청나게 커졌다.

잠바카바 밸브 커버(valve cover)라고 불리는 부품으로서, 실린더 헤드의 덮개다. 실린더 헤드는 연소실을 구성하는 주요 부품이라서 강도가 높고 값이 비싸지만, 밸브 커버는 밸브 장치에서 오일이 튀는 것만 막으면 되기 때문에 요즘은 플라스틱 또는 알루미늄이나 마그네슘 합금으로 가볍게 만들고 있다. 흔히 밸브 커버에 엔진 제작사 마크와 엔진 특징을 멋을 내서 새겨 놓고 있다(DOHC 24V 등). EF 소나타는 이 밸브 커버의 밀착 상태가 불량해서 둘레에서 오일이 새는 바람에 리콜을 했다.

링구 피스톤 링(piston ring)이다. 엔진 피스톤에 끼워져서 고압의 연소 가스가 피스톤 테두리로 새지 않도록 밀봉하는 역할을 한다. 엔진을 20만km 이상 오래 사용하면 마모되므로 교환해 줄 필요가 있다.

비후다 디스트리뷰터(distributor; 배전기)다. 한 세트의 점화 코일과 점화 타이밍 장치를 실린더 네 개가 나눠 사용하기 위해 점화 순서에 맞춰 점화 코일에서 발생하는 고압 스파크를 해당 스파크 플러그로 전달해 주는 장

헷도는 실린더 헤드를 일컫는다.

잠바카바는 실린더 헤드의 덮개다.

링구는 피스톤 링이다.

비후다는 배전기다.

치다. 요즘은 대부분의 차가 디스트리뷰터가 없는 DLI (DistributorLess Ignition) 방식을 사용하므로 디스트리뷰터는 찾아보기 힘들다.

마후라 엔진의 배기음을 순화시키는 소음기(muffler)다. 학술 용어로는 사일런서(silencer)라고 한다. 겨울에 목에 두르는 머플러도 영어 철자는 같다.

부란자 디젤 엔진에만 있는 연료 분사 펌프를 뜻한다. 부란자라는 용어는 필경 영어의 플런저(plunger)에서 나왔을 것이다. 연료 분사 펌프 내부에는 연료를 고압으로 밀어 주는 조그마한 플런저가 들어 있다. 연료 분사 펌프에는 조정할 곳이 몇 군데 있고, 이 조정은 공회전 rpm, 최대 연료 분사량 등을 정한다. 특히 최대 분사량을 규제하는 나사를 풀면 엔진 출력이 증가하므로 엄격히 규제되고 있다. 최대 연료 분사량이 엔진 배기량에 비해 과다하면 엄청난 매연을 발생시키기 때문이다.

세루모타 셀프 스타트 모터(self start motor)를 뜻한다. 흔히 시동 모터라고 하는 것인데, 영어로는 스타터(starter)라고 부르면 된다. 엔진 시동 키를 START 위치로 놓으면 이 모터가 맹렬히 회전하면서 엔진을 돌려서 시동을 걸어 준다.

미미 엔진을 차체에 고정하는 엔진 마운트다. 엔진 진동이 차체로 전달되지 않도록 고무가 끼워져 있는데, 오래 사용하면 엔진 룸의 열 때문에 고무가 경화되면서 갈라지기 때문에 교환해야 하는 경우가 있다.

리데나 분명히 영어 리테이너(retainer ; 고정쇠)의 일본식 발음일 텐데, 실제로는 실(seal)을 가리키는 용어다. 실은 엔진 출력축이나 변속기 입출력축 직전에 설치되어 엔진 오일 또는 변속기 오일이 밖으로 새어 나가지 않도록 밀봉하는 얇은 도넛 모양의 고무 부품이다.

후앙 엔진 냉각 팬(fan)이다. 라디에이터로 외부의 시원한 공기를 끌어들이는 팬이다.

찜바 엔진 부조를 뜻한다. 공회전 때 엔진이 털털거리거나 주행 중 힘을 못 받는 등, 엔진이 비정상적인 모든 상태가 부조不調다.

후까시 엔진을 공회전시키면서 액셀러레이터를 밟아 rpm을 올려 주는 행동이다. 엔진을 시험해 보기 위해 하는 경우가 많다. 어떤 운전자는 시동을 끄기 전에 꼭 '후까시'를 한 번 시켜 주는데, 좋은 습관이 아니다.

나마 가스 엔진 블로바이 가스(blow-by gas)다. 엔진 작동 중 피스톤 둘레로 새어 나오는 소량의 불완전 연소 가스다. 배기 가스 정화 대책이 있는 요즘 엔진에는 엔진 내부에 차는 블로바이 가스를 다시 흡기관으로 돌려 엔진 연소실에서 재연소시키는 PVC 장치가 있다. 엔진의 밀봉, 특히 밸브 커버 쪽 밀봉 상태가 좋지 않으면 블로바이 가스가 틈새에서 분출되는 경우도 있다.

변속기

삼발이 클러치 커버(clutch cover) 또는 클러치 압력판(pressure plate)을 뜻한다. 클러치가 엔진에 밀착되도록 눌러 주는 스프링이 붙어 있다. 옛날 승용차에 쓰던 타입은 클러치 물림을 해제하는 레버가 빙 둘러 세 개 있었으므로 그 모양을 본떠서 삼발이라는 이름이 붙었다.

데후 디퍼런셜 기어(differential gear)를 일본식으로 줄여 발음한 것 같다. 후륜 구동차에서 양쪽 뒷바퀴 사이에서 회전수 차이를 허용하면서 동력을 균일하게 공급하는 톱니 장치다. 디퍼런셜 장치를 넣기 위해 후륜 구동차의 뒤 차축은 중간 부분이 불룩하다. 전륜 구동차는 이 장치가 변속기 속에 통합되어 있다.

화케이스 트랜스퍼 케이스(transfer case)의 뒤 네 글자를 대충 발음하면 이렇게 된다. 4륜 구동차에서 변속기의 회전력을 앞바퀴에 연결할지 여부를 선택하는 부변속기다. 트랜스퍼 케이스 조작을 위해 4륜 구동차에는

찜바는 엔진 부조를 뜻한다.

후까시는 엔진을 공회전시키면서 액셀러레이터를 밟아 rpm을 올려 주는 행동이다.

나마 가스는 엔진 작동 중 피스톤 둘레로 새어 나오는 소량의 불완전 연소 가스다.

삼발이는 클러치 커버나 클러치 압력판을 뜻한다.

데후는 디퍼런셜 기어를 일본식으로 줄여 발음한 것 같다.

화케이스는 4륜 구동차에서 변속기의 회전력을 앞바퀴에 연결할지 여부를 선택하는 부변속기다.

좀 짧은 보조 변속 레버가 있는데, 무쏘와 코란도는 모터가 트랜스퍼 케이스를 조작하고 운전석에는 4륜 구동 선택 스위치만 설치되어 있다.

스베루 미끄러지는 것을 뜻한다. 주로 클러치가 동력을 확실하게 전달하지 못하고 미끄러질 때 "클러치가 스베루한다"고 말한다.

차체

쇼바 쇽 업소버(shock absorber)를 뜻한다. 학술 용어로는 댐퍼(damper)라는 말이 쓰인다. 쇽 업소버는 각 바퀴 서스펜션에 장착되어 가속, 선회, 제동할 때 차체 자세가 과다하게 변하지 않도록 억제하는 부품이다.

노아다이 서스펜션 부품인 로어 암(lower arm)이다. 자동차 바퀴는 로어 암과 맥퍼슨 스트럿에 의해 차체에 결합된다. 로어 암은 장기간 사용하면 차체와 연결되는 부분의 고무 부시가 마모되어 삐걱거리는 소리가 나곤 한다.

오무기아 운전석의 스티어링 휠 조작에 따라 앞바퀴 방향을 바꿔 주는 장치인 스티어링 기어를 뜻한다. 옛날 차들은 스티어링 기어에 하나같이 웜 기어(worm gear) 방식을 사용했는데, 그 이름이 일본식으로 전해진 것 같다. 지금도 대형 트럭과 버스들은 웜 기어 방식 스티어링 기어를 사용하지만 승용차들은 장치가 간단하고 노면 반응을 충실하게 느낄 수 있는 랙 앤 피니언(rack and pinion) 방식을 주로 사용한다.

엔도볼 타이 로드 엔드 볼 조인트(tie rod end ball joint)의 중간 세 글자를 일본식으로 읽으면 엔도볼이 된다. 이 부품은 스티어링 기어와 연결되어 앞바퀴 방향을 바꿔 주는 힘을 전달한다. 노면 요철에 따라 앞바퀴가 오르락내리락해도 방향을 계속 제어할 수 있도록 볼 조인트로 만들어져 있다.

활대 안티롤 바(anti-roll bar)다. 차가 커브를 틀 때 원심력에 의해 차체가 바깥쪽으로 기우는 현상을 롤(roll)이라고 하는데, 안티롤 바는 차체 앞쪽 또는 뒤쪽의 롤을 미세 조정해서 코너링 특성을 원하는 형태로 조정하는 데 사용하는 부품이다. 쇠막대기나 파이프로 만들어졌으며 국궁 활처럼 휘어 있어서 활대라고 한다.

후렌다 엔진 후드 양옆의 철판인 펜더(fender)의 일본식 발음이다. 클래식 카들은 엔진 후드에서 엔진 룸이 명확히 끝나고, 펜더는 회전하는 앞바퀴가 흙탕물을 이리저리 뿌리지 않도록 막아 주는 상부 물막이 철판에 불과했다. 이 흔적은 코란도와 지프 랭글러에 남아 있다. 현대식 자동차의 펜더는 차체 외형에 통합되어 차체 곡선을 이루는 데 중요한 구실을 한다.

시다바리 자동차의 하체 전반을 뜻한다. 예를 들어 비포장 도로에서 차체 하부가 손상되면 "시다바리가 먹었다"라고 표현한다.

우찌바리 문의 실내측 내장재, 즉 도어 트림(door trim)이다.

다시방 계기판과 각종 조정 장치가 설치된 앞유리 밑의 대시 보드(dash board)다. "주차권은 다시방 위에 올려놓고 나가세요"라는 식으로 많이 표현된다.

에바 에어컨의 실내기(증발기)를 뜻한다. 증발기가 영어로는 이배퍼레이터(evaporator)이기 때문에 에바라고 부르는 것 같다.

05 | 부품 구입
자동차 부품을 직접 구입할 수 있다는 사실을
모르는 사람이 많다

자동차를 스스로 고치려면 해당 부품을 사 와야 한다. 부품만 구해 오면 자가 수리도 어렵지 않은데, 자동차 부품을 직접 구입할 수 있다는 사실을 모르는 사람이 많다. 자동차 부품뿐 아니라 가전 제품 부품도 직접 구입할 수 있다. 서비스 센터에 마련된 부품 구입 창구에 가 보면 무선 전화기용 충전 배터리(오래 쓰면 용량이 감퇴하므로 바꿔 줘야 한다), 세탁기용 호스 연결구, 가습기 물통 등을 판매한다. 소매 가격은 각 하청업체가 가전 메이커에 양산용으로 납품하는 가격보다는 훨씬 비싸지만, 그래도 직접 수리하면 돈을 아낄 수 있다.

자동차 부품은 각 회사 직영 정비 사업소(흔히 말하는 AS 센터)의 부품 창구에서 사는 것이 아무래도 확실하다. 그런 곳에서는 흔히 찾지 않는 부품까지 갖춰 놓고 있으며, 바가지 요금의 우려도 없다. 이 밖에 일반 가게와 같은 방식으로 운영되는 부품 대리점이 있는데, 기본적으로 각 자동차 회사의 영향력이 거의 미치지 않는 소매점일 따름이므로 일반 소매점에서 겪을 수 있는 여러 가지 문제가 고객을 괴롭히곤 한다. 잘 팔리는 부품만 가져다 놓고, 뜨내기 손님에게는 바가지를 씌우기 일쑤며, 모조 부품을 마치 정품인 양 판매하기도 한다. 자동차 회사 직영 정비 사업소 코앞에 있는 가게라고 해도 안심할 수 없다.

부품 대리점은 비록 각 자동차 메이커의 상표가 들어간 간판을 걸고 있지만, 이는 간판에 대한 협찬일 뿐 그 대리점이 자동차 메이커 산하 조직의 일부라는 뜻은 아니다. 부품 대리점들은 주로 카 센터와 외상 거래를 하며, 카 센터의 전화 주문에 따라 오토바이로 부품을 신속

자동차 부품은 각 회사 직영 정비 사업소의 부품 창구에서 사는 것이 확실하다. 흔히 찾지 않는 부품까지 갖춰 놓고 있으며, 바가지를 쓸 염려도 없다.

하게 배달해 주는 것을 주수입원으로 삼고 있다. 그렇기 때문에 일반 고객이 들어가서 "이거 주세요"라고 하면 바가지를 씌우기도 한다. 그럴싸한 모조 부품을 팔면서 메이커 정품보다 비싸게 받는 경우가 적지 않다. 그런데도 프린터로 찍어 낸 번듯한 계산 전표에 가격이 찍혀 나오기 때문에 제값이려니 믿게 된다. 그러나 같은 품목을 메이커 직영 정비 사업소 부품 창구에서 정품으로 구입해 봤을 때 값도 싸고 물건도 훨씬 좋다는 것을 알게 되면 황당할 따름이다.

모조 부품에 대한 이야기는 매우 중요하다. 스스로 부품을 사서 하는 경우 외에도 카 센터에서 전화로 주문해서 오토바이가 갖다 주는 부품 중에도 모조 부품이 대단히 많다. 내 눈으로 본 모조품만 해도 오일 필터, 에어 필터, 라디에이터 캡, 휠 캡, 에어컨 스위치, 테일 램프, 차 옆에 붙는 펜더 깜박이, 머플러, 옆문 유리 따위 수두룩하다. 그러나 뭐 하나 "이건 모조품이니까 좀 싸게 드릴게요"라고 하며 판 적은 없다. 에어컨 스위치 같은 경우는 황당하게도 에어컨 마크가 조잡한 은박 스티커로 붙어 있었다. 그래서 "이거 정품이에요?" 하고 물었더니, 모조품이 뻔한데도 "정품 맞아요"라고 대답하는 곳도 있었다.

모조품이 나쁜 이유는 최대한의 이윤(특히 도매상과 대리점의 이윤)을 확보하기 위해 형편 없는 품질로 만들기 때문이다. 모조 휠 캡은 세부 형상이 뭉개져 있고 은색 칠도 금세 바랜다. 모조 테일 램프도 엄청나게 빠른 속도로 플라스틱이 뿌옇게 바래기 때문에 모조품이라는 것을 안다면 절대로 선택하지 않을 것이다. 대리점 측에서는 이윤이 많이 남는 모조품을 중점 취급한다. 메이커 직영 정비 사업소 부품 창구를 이용하면 그럴 염려가 전혀 없다.

요즘은 모조품 만드는 기술도 발달했다. 그 기술로 품

모조품의 품질이 형편 없는 것은 업자들이 최대한의 이윤을 노리기 때문이다.

정비 상식

질 향상에 힘쓰면 좋으련만 정품과 비슷하게 보이려는 쪽으로만 노력이 집중된다. 현대자동차는 모조 부품과 구별되도록 하기 위해 순정 부품에 무지개 무늬의 홀로그램 스티커를 붙여 판매한다. 그런데 버려진 정품 포장 박스에서 스티커만 살살 떼어서 모조품에 붙이는 사례가 생기자, 다시 이에 대응해서 떼어 내면 무늬가 찢어지도록 만들고 있다. 그러자 다시 이에 대응해서 모조품 판매업자가 일본에 주문해서 현대자동차 순정품에 쓰는 것과 똑같은 홀로그램 스티커를 대량 위조해서 떡 갖다 붙여서 팔다가 걸리기도 했다.

부록

자동차 응급 처치

타이어 펑크
배터리 방전
엔진 과열
퓨즈 끊어짐
시동과 변속기 문제

타이어 펑크

증상 | 차량을 안전한 곳에 세우기 | 스페어 타이어와 공구 찾기
차 들어올리기 | 타이어 빼내기 | 사후 조치

사람들은 흔히 타이어에 구멍난 것을 '펑크(빵꾸)'라고 하는데, 이는 올바른 영어가 아니다. 영어로는 'get flat'이라고 표현하는데, 타이어가 터져서 '납작해졌다'는 뜻이다.

요즘 나오는 대부분의 타이어는 튜브리스 타이어(tubeless tire)다. 기존의 튜브 타이어는 겉에 재질이 질긴 타이어가 있고, 속에 말랑말랑한 튜브가 들어가 있다. 겉의 타이어는 공기 밀폐 기능은 전혀 없고, 노면 접지력을 차에 전달하고 주행에 따르는 마모에 견디는 역할을 할 뿐이다. 속의 튜브는 매우 말랑거릴 뿐만 아니라 공기를 넣으면 물에서의 부력이 좋아 요즘도 해수욕장에 가면 트럭 타이어용 검정 고무 튜브에 바람을 넣어 물놀이 기구로 빌려 주는 것을 볼 수 있다.

말랑말랑한 튜브가 들어간 타이어는 못에 찔리면 공기압으로 팽팽하게 부풀어 있던 튜브가 찔린 부분에서부터 연쇄적으로 찢어지며 금세 바람이 빠진다. 겉의 타이어는 공기를 밀폐하지 못하므로 튜브가 찢어지면 끝장이다. 반면, 요즘 사용하는 튜브리스 타이어는 질긴 외부 타이어 자체에 공기 밀폐 기능을 추가시킨 것이다. 공기압에 의해 팽팽하게 부풀어 있기는 한데, 타이어가 워낙 강력하게 보강되어 있으므로 못에 찔려도 연쇄적으로 찢어지는 일 없이 구멍만 작게 난다. 찌른 못이 그 구멍을 막고 있는 한 바람이 빠지지 않는다.

튜브리스 타이어를 단 차는 못이 박힌 채로 6개월이고 1년이고 그 사실을 전혀 느끼지 못하면서 다니는 경우도

많다. 하지만 타이어에 못이 박힌 채 주행하는 것은 좋지 않다. 언제 못이 빠져 나올지도 모르고, 박힌 못이 길면 타이어 내부를 이리저리 긁으면서 치명적인 상처를 낼 수도 있기 때문이다.

튜브리스 타이어도 타이어 옆면인 사이드 월(side wall)에 못이 박히면 대책이 없다. 땅과 맞닿는 밑면은 거의 총알도 막을 수 있을 만큼 보강되어 있지만—그렇지 않다면 뾰족한 돌부리 위에만 올라가도 펑크가 날 테니까—사이드 월은 타이어의 쿠션 기능을 살리기 위해 거의 보강을 하지 않는다. 사이드 월에 못이 박히는 경우는 매우 드물지만, 비포장 도로에 널린 뾰족한 돌부리나 공사장의 시멘트 구조물에서 비어져 나온 철근 같은 것에 옆을 긁혀 찢기는 경우는 꽤 있다.

타이어 사이드 월이 찢기면 잠깐 사이에 바람이 빠진다. 보강재가 없으므로 구멍이 쉽게 넓어지기 때문이다. 옆면에 못이 박히는 경우에도 5분을 버티기 힘들다. 요즘은 런플랫(run-flat) 또는 EMT(Extended Mobility Tire)라고 불리는 기술을 이용한 '펑크나도 주행할 수 있는' 타이어들이 생산되고 있지만, 아직 가격이 비싸고 일반 타이어에 비해 무거워서 실용성이 떨어진다. 그러나 무거운 스페어 타이어를 싣고 다니지 않더라도 차량을 어느 정도 떨어진 정비소까지 몰고 갈 수 있을 정도의 성능 때문에 개발이 계속되고 있어 머지않아 보편화될 전망이다.

증상

타이어에 바람이 빠지면 차에 앉아 있는 운전자와 승객은 금방 알아차리지 못하지만, 옆에서 보면 타이어 높이가 낮아진 것을 알 수 있다. 그래서 도로에서 그런 차를 보고 옆차 운전자가 경적을 울리며 신호를 보내 주는 경우가 종종 있다. 에쿠스나 트라제 XG에는 각 바퀴의 회전수를 비교해서 한 바퀴만 지름이 작아져서 회전수가 올라가면 해당 바퀴의 바람이 빠진 것으로 판단하는 기능이 있지만 그다지 쓸모는 없다.

타이어의 바람이 빠져도 운전자가 스스로 느낄 수 있는 증상은 쿠션이 좀 떨어졌다 싶을 만큼 미미하다. 늘 지나던 길의 과속 방지턱을 지나가다 '왜 오늘은 바닥이 닿지?' 하는 의문을 품다가 나중에 타이어가 펑크났다는 사실을 발견하는 수도 있다. 차가 회전할 때 핸들링이 비정상적인 것을 느낄 수 있다면 매우 민감한 운전자다. 타이어가 펑크나면 회전할 때 처음에 잘 꺾이지 않으려 하고, 일단 꺾이면 과도하게 꺾이려 하는 증상이 느껴진다.

이 때 차의 유리창이 열려 있으면 펑크난 타이어가 눌리면서 발생하는 "꿀렁꿀렁" 하는 소리를 들을 수 있다. 흔히 운전자들은 일단 차에 오르면 자꾸 내리고 다시 타고 하는 것을 싫어한다. 미국에는 차를 탄 채로 일을 볼 수 있는 드라이브스루(Drive-thru) 패스트푸드, 은행 창구가 있다. 우리 나라에서도 이런 것을 시도한 적이 있다. 하지만 차가 좀 이상하다 싶으면 내려서 확인해 보는 습관을 가지는 것이 좋다.

타이어가 펑크난 채로 주행하면 어떻게 될까? 일단 타이어가 '걸레'가 된다. 휠이 노면과 닿으면서 그 사이에 낀 펑크난 타이어를 마구 씹기 때문에 수백m만 주행하면 너덜너덜해진다. 더 주행하면 씹히던 타이어 양쪽이 찢겨 나가면서 타이어 중앙부가 분리된다. 펑크만 난 상태라면 때워서 재사용할 수 있겠지만, 씹히면 어쩔 수 없이 한 개에 4~7만 원 하는 타이어를 고스란히 버려야 한다.

그 다음 문제는 펑크난 타이어는 접지 면적이 극도로 감소한다는 것이다. 타이어에 압축 공기가 채워져서 넓

타이어가 펑크나면 회전할 때 처음에 잘 꺾이지 않으려 하고, 일단 꺾이면 과도하게 꺾이려는 증상이 느껴진다.

은 지면에 고르게 접지 압력을 분산시켜 주는 것이 공기 주입 타이어의 장점인데, 공기가 빠져서 그냥 휠이 지면에 닿아 버리면 접지 면적은 좁은 휠 테두리와 노면이 맞닿는 면적으로 줄어들어서 바퀴가 쉽게 미끄러진다. 기차의 예를 들자면, 기차 바퀴는 펑크난 바퀴처럼 타이어 없이 그냥 단단한 휠이 레일과 닿는 방식인데, 접지 면적이 무척 작기 때문에 마찰력이 적어 급제동을 걸어도 수백m는 미끄러진다. 자동차도 네 바퀴 모두 공기를 빼고 브레이크를 걸어 보면 마찬가지가 된다. 만일 한 바퀴의 바람만 빠져도 제동력이 균등하게 분산되지 않으므로 제동 중 차가 휘청거리며 안정성을 잃게 된다.

차량을 안전한 곳에 세우기

타이어에 펑크가 났다는 느낌이 들면 빨리 차를 세워야 한다. 그러나 아무 곳에나 세우면 안 된다. 고속 도로라면 갓길 같은 길 가장자리에 세워야 하는 것은 물론이고, 무엇보다 '안전한' 곳을 찾아야 한다.

가장 중요한 것은 정차해 있는 동안 다른 차에 추돌당하지 않는 것이다. 도로에서 운행하는 차들 중에 길 가장자리를 따라 달리는 차들이 가끔 있다. 일반 도로라면 오토바이가 가장 흔하고, 고속 도로에서도 갓길로 추월해 나가는 차가 있다. 그나마 갓길이 있으면 다행이지만 대부분의 도로에는 갓길이 없다. 가끔 추월 경쟁을 벌이면서 서로 선두 다툼을 하는 차들이 있는데, 이런 차들이 길 가장자리에서 수리 중인 차량을 발견했다고 해서 멈추거나 양보하는 경우는 기대하기 힘들다.

이런 살벌한 사회에서 살면서 펑크난 차를 고치려면 100m쯤 앞서서 위험 안내 삼각 표지판을 설치하는 것이 중요하다. 삼각 표지판은 3천 원 쯤이면 좋은 것으로 살 수 있다. 이런 것은 운전자와 차량의 안전을 좌우할 수

고장 차량 표지용
삼각 반사판.
3천 원쯤에 살 수 있다.

있으므로 제대로 된 제품을 사야 한다. 어떤 제품은 표면에 삼각형 그림을 그려 놓고서 "위험 안내 삼각 표지판 대신 사용할 수 있습니다"라고 광고하는데, 반사 처리가 되어 있지 않아서 야간에는 거의 쓸모가 없다. 쌍용 체어맨에는 벤츠처럼 트렁크에 삼각 표지판이 기본으로 실려 있다.

삼각 표지판이 없으면 엔진 후드를 열어 놓는 것도 한 가지 방법이다. 엔진 후드를 열어 놓으면 멀리서도 한눈에 '저건 고장 수리 중이다' 라는 것을 알 수 있다. 이렇게 고장 차량이라는 것을 널리 알리면 지나가던 레커(wrecker; 견인차)가 멈춰서는 "아저씨, 어디 고장났어요? 좋은 정비 공장 아는데요"라고 하면서 호객 행위를 하기도 해서 귀찮지만, 그래도 안전한 것이 낫다.

정차시키는 장소는 다른 차들이 멀리서도 쉽게 볼 수 있는 곳이 좋다. 터널에서 나와서 우회전하자마자 삐딱하게 대 놓은 고장 차가 있으면 미리 볼 수 없기 때문에 순간적으로 당황해서 어느 방향으로 피해야 할지 난감하다. 그러므로 다른 운전자가 미리 준비할 수 있도록 시야가 트인 곳을 골라 세워야 한다. 언덕빼기 바로 지나서 세우는 것은 언덕을 오르는 운전자에게 보이지 않으므로 피한다. 한쪽이 산으로 된 꼬불꼬불한 급커브 길도 피해야 한다.

차를 세울 때는 가급적 평평한 땅을 고른다. 나중에 스페어 타이어를 교환하기 위해 차를 들어올릴 때, 땅이 기울어져 있으면 차량을 안전하게 고정시키는 데 더 많은 준비와 장비가 필요하다.

스페어 타이어와 공구 찾기

펑크가 나서 어쩔 줄 모르는 사람을 지나가던 친절한 택시 기사가 도와 주는데, 스페어 타이어를 꺼내기 위해

타이어를 갈아 끼울 때는 다른 차들이 멀리서도 볼 수 있는 곳에 차를 세워야 한다. 예컨대 터널에서 나와서 우회전하자마자 세우면 다른 차들이 발견하기 어렵기 때문에 위험하다.

트렁크 바닥을 들어올리자 차 주인이 크게 놀랐다는 이
야기가 있다. 사실인지 꾸며 낸 이야기인지는 모르겠지
만, 자기 차에 스페어 타이어가 있다는 사실을 잘 모르는
운전자가 꽤 있다. 모든 차에는 스페어 타이어가 있다.
프라이드 팝이나 싼타페의 일명 '리어카 바퀴' 일지언정
어느 차에나 스페어 타이어가 실려 있다

전륜 구동 승용차는 스페어 타이어가 트렁크 매트 밑
에 들어 있다. 트렁크에 넣어 둔 짐을 다 들어낸 뒤에야
스페어 타이어를 꺼낼 수 있다는 단점이 있긴 하다. 후륜
구동차는 스페어 타이어가 트렁크 내부 옆에 세워져 있
다. 트렁크 바닥에는 연료 탱크를 설치해야 하므로 바닥
밑에는 공간이 없기 때문이다.

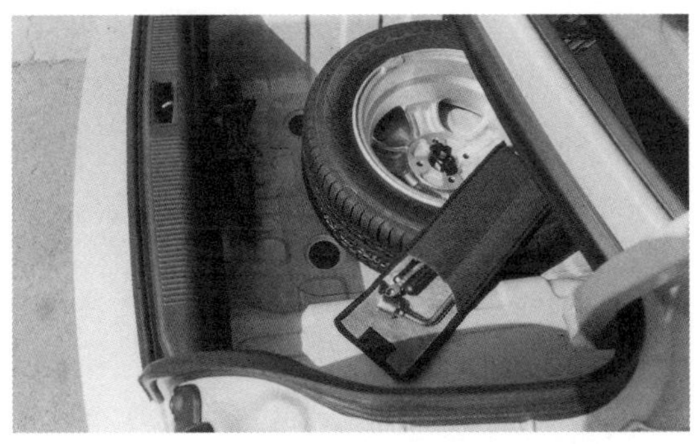

트렁크 바닥
밑에 감춰진
스페어 타이어와 잭.
스페어 타이어를 끼울 때
필요한 공구는 흔히
차량을 구입할 때 함께
제공되는데, 처음부터
스페어 타이어와
함께 보관하면
잃어버릴 우려가 적다.

BMW 316이나 무쏘 같은 차는 스페어 타이어가 트
렁크 바닥 밑에 달려 있다. 트렁크 매트를 들어올리고
안을 샅샅이 뒤져봐도 스페어 타이어는 보이지 않을 것
이다. 버스나 트럭들도 스페어 타이어가 차체 밑에 매
달려 있다.

스페어 타이어를 교환할 때 필요한 공구들은 스페어
타이어 옆에 쌈지에 싸서 보관되는 것이 보통이다. 스티
로폼으로 만든 형틀에 공구를 정돈하여 스페어 타이어
안쪽에 넣게 된 차도 있다. 승합차들은 실내에서 뒷문 옆

의 벽에 있는 소형 플라스틱 덮개를 열면 그 공구가 속에 보관되어 있기도 하다. 중고차를 산 경우, 나중에 펑크를 수리하려고 트렁크를 열어 봤더니 스페어 타이어도 없고 공구도 없어서 황당했다는 이야기도 들어 보긴 했다. 알뜰한(?) 전 주인이 스페어 타이어와 공구를 챙겨 놓고 차를 판 것이다. 중고차를 살 때는 이런 것도 확인할 필요가 있다.

스페어 타이어 교환에 필요한 공구는 차량 구입할 때 제공되는 공구 세트에 다 있다. 만일 차의 휠을 고급 애프터 마켓 제품으로 교환했다면 휠을 차체에서 벗길 때 차량에 따라온 기본 공구로 가능한지, 다른 전용 공구가 필요한지 확인하는 것이 좋다.

요즘 시판되는 휠들은 앨런 렌치, TORX 렌치(머리가 육각 별 모양으로 생긴 일명 '별 렌치') 등 별별 이상한 렌치가 있어야 풀리는 전용 휠 너트를 사용하는 것이 많다. 평범하게 생긴 육각 너트라고 해도 머리 크기가 조금씩 달라서 못 푸는 경우도 있다. 강원도 휴양지에서 펑크 난 레간자를 도와 준 적이 있는데, 카 센터에서 타이어를 교환할 때 머리가 조금 큰 너트를 몇 군데에 사용한 차였다. 그런데 이 너트가 원래 제공된 렌치와 맞지 않아 도저히 풀 수 없어서 나도 손을 들고 말았다. 예전에 갔던 카 센터에서 원래 너트를 몇 개 잃어버리고서는, 부품통에 들어 있던 것 가운데에서 손에 잡히는 대로 너트를 집어서 끼워 놓은 것 같았다.

차 들어올리기

차를 올리기 전에 작업 중 차가 앞뒤로 움직이지 않도록 고정하는 것이 중요하다. 타이어가 펑크났을 때는 당황하고 조급해하기 마련이어서 작업을 서두르는 경향이 있는데, 차를 고정하지 않은 채 잭으로 차를 들어올리면 차가 경사를 따라 쪼르르 구르면서 잭이 넘어진다. 차가 땅바닥으로 내려앉을 때 다행히 다치지 않았다고 해도, 마침 타이어를 빼낸 상태라면 차 바닥이 땅에 밀착되어 잭을 다시 끼워 넣을 틈새조차 없어지므로 상황을 해결하기가 무척 어려워진다.

언뜻 보기에 평평한 땅 같아도 차가 구를 만큼 비탈진 경우도 있으므로, 아무리 평평해 보이는 땅에서 작업하더라도 바퀴가 구르지 않도록 반드시 고정시켜야 한다.

차를 고정할 때는 들어올릴 바퀴의 대각선 위치에 있는 바퀴의 앞뒤에 각목이나 돌을 끼워서 바퀴가 구르지 않도록 해야 한다. 각목이나 돌을 구할 수 없다면 공구 쌈지에서 사용하지 않는 드라이버나 스패너를 꺼내 괴어도 된다. 자동 변속 차에서 선택 레버를 P에 놓으면 구동 바퀴의 회전이 방지되는 기능이 있지만, 차를 잭으로 들어올리면 한쪽 바퀴가 공중에 뜨기 때문에 변속기 내부의 차동 기어 장치가 움직이면서 차가 움직일 수도 있다는 것을 명심해야 한다.

주차 브레이크를 채워 놓으면 차를 고정시킨다는 면에서는 효과가 있지만, 바퀴와 차체 사이의 미세한 움직임도 허용하지 않으며 꽉 붙잡기 때문에 잭으로 차를 들어올릴 때 매우 힘이 든다. 또 경우에 따라 쇠가 갈리는 듯한 "끽끽" 소리가 나기도 하는데, 이는 주차 브레이크가 미끄러지는 소리이므로 염려할 것은 없다. 되도록 주차 브레이크를 채우지 말고 정석대로 바퀴에 물체를 괴어 고정시키고 차를 들어올려야 한다.

차를 들어올리기 전에 트렁크에서 스페어 타이어를 먼저 꺼내서 펑크난 쪽 앞뒷문 사이의 차 바닥 밑에 넣어준다. 만약 잭이 부러지더라도 이렇게 차 밑에 괴어 둔

차를 들어올리기 전에 반드시 대각선 위치에 있는 바퀴 앞뒤에 단단한 물체를 괴어 차의 움직임을 방지해야 한다. 잭은 지정된 잭 포인트에만 끼워야 한다. 다른 곳에 끼우면 철판만 찌그러질 뿐 차가 들어올려지지 않는다.

스페어 타이어는 차가 완전히 주저앉지 않도록 해서 작업자의 부상을 방지하거나 최소화하는 역할을 한다.

차를 구입할 때 제공되는 잭은 스페어 타이어 교환 전용으로 간이형으로 만든 것이다. 사용 중 부러지는 경우도 간혹 있으므로 차량 밑에 들어가서 작업할 때는 이 잭을 사용하면 매우 위험하다. 그리고 잭을 사용할 때는 차량 하부의 지정된 잭 포인트에만 괴어야 한다. 승용차는 모노코크 구조(monocoque structure; 단체單體 구조 차체), 즉 얇은 각 철판이 서로를 받쳐 주며 하중을 지탱하는 구조로 되어 있다. 모노코크 차체는 요소만 보강되어 있기 때문에 아무 곳에나 잭을 찔러 넣고 들어올리면 해당 철판만 찌그러질 뿐, 차는 올라가지 않는다. 잭 포인트 위치 안내는 잭 몸통에 그림 스티커로 붙어 있다.

스페어 타이어를 교환할 때는 앞문 경첩 바로 아래와 뒷바퀴 바로 앞의 잭 포인트를 이용한다. 차체 하부를 보면 차 바닥 철판과 문턱 부분 철판이 겹쳐져 앞뒤로 길게 용접된 부분이 밑으로 돌출되어 있다. 이 돌출부에 잭 머리의 홈을 맞추고 들어올려야 한다. 바닥 철판과 문턱 철판이 용접된 부분은 다른 부분에 비해 강화된 상태라서 잭으로 들어올려도 차체 하중을 웬만큼 받아 줄 수 있다.

잭으로 차를 들어올릴 때는 차가 가벼운 것이 좋으므로 승객은 당연히 차에서 내려야 한다. 그래야만 작업자가 차를 들어올리는 데 힘이 덜 들고, 잭이 무게를 못 이겨 부러질지 모르는 위험도 줄일 수 있다.

차를 들어올리기 전에, 휠을 차에 고정시키는 휠 너트를 조금 풀어 주는 것이 좋다. 차를 올리고 휠 너트를 풀려고 하면 렌치를 돌리는 힘에 의해 차가 휘청휘청하며 잭이 넘어질 수 있기 때문이다. 타이어가 땅에 확실히 닿아 있을 때 휠 너트를 한 바퀴 정도 풀어 주고 나중에 차를 들어올린 뒤에 완전히 돌려 빼면 좋다.

타이어 빼내기

휠 너트가 노출된 스타일은 그냥 휠 너트 렌치를 물리고 돌리면 된다. 염가형 승용차는 휠 전체를 덮는 은색 플라스틱 휠 캡 속에 휠 너트가 숨겨져 있다. 휠 캡과 타이어의 틈새에 (−) 드라이버나 너트 렌치의 끝부분〔(−) 드라이버 모양으로 만들어져 있다〕을 찔러 넣은 뒤 일격에 탁 젖히면 휠 캡이 빠진다. 어떤 디자인의 휠 캡은 휠 너트가 노출되는 것도 있다. 이 경우는 순서를 반대로 하여, 차를 들어올린 뒤에 휠 너트를 모두 풀어 낸 다음 휠 캡을 빼면 된다.

합금 휠의 휠 너트는 플라스틱으로 만든 커버 속에 숨겨져 있는 경우가 대부분이다.

합금 휠의 경우에는 중심부만 덮는 플라스틱 허브 캡 속에 휠 너트가 숨어 있다. 허브 캡 둘레를 살펴보면 (−) 드라이버를 찔러 넣을 수 있는 홈이 패여 있다. 그 홈에 (−) 드라이버를 찔러 넣고 탁 젖히면 허브 캡이 떨어지면서 속의 휠 너트가 드러난다.

어떤 크레도스 운전자가 펑크난 차를 가장자리에 세워 놓고 합금 휠과 타이어 사이에 (−) 드라이버를 찔러 넣으려고 애쓰는 것을 본 적이 있다. 그 운전자는 합금 휠을 처음 봤는지 예전 휠 캡을 떼어 낼 때의 방식으로 작업을 하는 것이었다.

어떤 합금 휠의 허브 캡들은 중심부에 큼지막한 육각 너트가 있다. 모두 장식용 너트다. 이 너트를 잡고 아무리 돌려 봐야 플라스틱 허브 캡만 깨질 뿐이다. 이것은 경기용 차의 휠을 모방한 장식이다. 경기용 차는 경기 도중 휠을 최단 시간에 교환하기 위해 중심부에 큼지막한 너트 한 개로 고정한다. 일반용 승용차는 큼지막한 너트 한 개로만 휠을 고정할 경우에 정비 불량으로 너트가 풀리면 주행 중 휠 전체가 쏙 빠져 나갈 위험이 있어서 그런 구조로 만드는 것을 금지하고 있다. 허브 캡은 늘 둘레에 마련된 홈에 (ー) 드라이버를 찔러 넣고 젖혀 빼낸다. 시판되는 일부 특이한 휠들은 조그마한 TORX 볼트나 앨런 볼트를 사용해서 허브 캡을 부착하기도 한다. 이때는 거기에 맞는 전용 렌치가 있어야 허브 캡을 떼어 낼 수 있다.

휠 너트가 노출되었으면 휠 너트 렌치를 끼우고 시계 반대 방향으로 돌려 빼낸다. 트럭은 좌우 바퀴의 휠 너트 나사산이 대칭형으로 파여 있어서 좌우 바퀴를 빼낼 때 각각 돌리는 방향이 다르지만, 승용차는 좌우 관계 없이 언제나 시계 반대 방향으로 돌려 너트를 빼낸다.

십중팔구 휠 너트 렌치를 손으로 돌려서는 꿈쩍도 하지 않는다. 대부분의 카 센터가 강력한 임팩트 렌치(impact wrench; 전기 드릴처럼 생긴 것으로 "두다다다" 소리를 내는 렌치)로 휠 너트를 규정 토크 이상으로 꽉 죄어 놓기 때문이다. 지나치게 꽉 죄면 나사산이 완전히 뭉개져서 나중에 휠 너트를 무리하게 빼다가 휠 볼트가 부러지는 수도 있다.

임팩트 렌치로 죄어 놓은 휠 너트는 렌치 손잡이를 발로 차야 겨우 풀 수 있는데, 자칫 발이 빗나가며 렌치 자루 끝에 정강이를 긁혀 다치는 수도 있으므로 여자들은 시도하지 않는 게 좋다. 휠 너트 렌치를 발로 찰 때는 렌치를 확실하게 너트에 끼워 넣은 뒤에 한다. 처음부터 강하게 차지 말고 발을 휠 너트 렌치에 올려놓은 뒤에 꾹꾹 눌러 봐서 풀리는지 확인한다.

팔 힘에 자신이 있는 사람이라면 발로 차지 말고 일단 손으로 당겨서 풀어 보는 것이 좋다. 발로 차다가 렌치가 휠 너트에서 미끄러지면 너트 머리가 조금씩 뭉개지면서 나중에는 풀기 어렵게 될 수도 있기 때문이다. 손으로 풀 때는 렌치를 밀어 내리는 쪽으로 힘을 주는 것보다 당겨 올리는 쪽으로 힘을 주는 것이 유리하다. 이 때 허리는 되도록 수직으로 펴고, 하체를 일으켜 세우며 힘을 준다. 굽힌 허리를 펴면서 힘을 주다가는 자칫 척추를 다칠 우려가 있다.

일단 휠 너트마다 1회전씩 풀었으면 잭으로 차를 들어 올린다. 잭은 높이 올라갈수록 넘어지기 쉬우므로 타이어가 땅에서 3cm 정도 떨어질 때까지만 올린다. 휠 너트를 완전히 빼낸 뒤, 펑크난 타이어를 좌우로 끄덕거리면서 차에서 빼낸다. 차 밑에 괴어 놓은 스페어 타이어를 제 위치에 끼워 넣으면서, 역시 작업 중의 안전을 위해 펑크난 타이어를 차 밑에 괴어 놓는다.

스페어 타이어를 좌우로 끄덕이면서 끝까지 밀어넣은 뒤 휠 너트를 렌치로 적당히 쥔다. 죄는 정도는 한 손으로 돌려서 돌아갈 때까지다. 마무리 단계로 휠 너트를 꽉 죄는 것은 차를 내려놓은 뒤에 한다.

잭을 내리고, 교환된 스페어 타이어의 휠 너트를 '죄는 순서'에 따라 죈다. 기계 장치의 너트를 죌 때는 한쪽만 먼저 꽉 죄어 버리면 힘이 불균등하게 걸리고 성능이 저하되므로 서로 대각선 위치에 있는 너트를 번갈아 가며 조금씩 죈다. 네 번에 나눠서 꽉 죈다는 느낌으로 처음에 한 번씩 너트 네 개를 죄어 주고, 다음 번에 힘을 좀 높여서 다시 죄어 주는 식으로 계속 해 나간다.

죄어 줄 때 토크(렌치를 돌리는 힘)는 렌치 자루 끝을 40kg의 힘으로 끌어올리는 기분으로 한다. 아주 정확할

타이어 교환 순서
1. 앞뒤로 움직이지 않게 차를 고정시킨다.
2. 휠을 차체에 고정시키는 휠 너트를 1회전씩 푼다.
3. 차를 잭으로 3cm쯤 들어올린다.
4. 새 타이어를 차 밑에 괴어 놓는다.
5. 휠 너트를 다 풀고 펑크난 타이어를 빼낸다.
6. 펑크난 타이어를 차 밑에 괴어 놓는다.
7. 새 타이어를 끼우고 대각선 위치에 있는 너트를 번갈아 죈다.
8. 허브 캡이나 휠 캡을 부착한다.

필요는 없고 좀 더 세게 죄어도 괜찮다. 다만 렌치를 발로 차면서 꽉 죄어 주면 안 된다. 나중에 풀 때 엄청나게 고생하거나, 나사산이 뭉개져서 나사가 부러질 수 있기 때문이다. '겨우 이 정도 힘으로 죄어서는 풀리지 않을까' 하고 걱정할 필요는 없다. 아무리 비포장 도로를 달려도 저절로 풀리는 일은 없다.

타이어가 장착되면 허브 캡이나 휠 캡을 부착한다. 제 위치에 놓고 손바닥으로 강하게 한 번에 "쾅" 하고 치면 들어간다. 합금 휠용 허브 캡은 휠에 패인 (ー) 드라이버 홈과 허브 캡에 난 홈의 방향을 일치시켜서 장착해야 한다.

사후 조치

스페어 타이어로 오랫동안 트렁크 속에 보관되어 있던 타이어는 공기압이 형편 없이 낮은 경우가 종종 있다. 정상 공기압이 30psi라면 스페어 타이어는 15psi 정도에 불과한 경우도 많다. 공기압이 낮은 상태에서는 타이어가 주행 중 쉽게 열을 받으므로 100km/h가 넘는 고속 주행은 하지 않는 것이 좋다. 되도록 빨리 공기압을 확인해야 한다.

타이어를 처음 규격과 다른 치수의 것으로 바꿨지만 스페어 타이어는 원래 치수 그대로라면 스페어 타이어를 사용할 경우에 좌우 타이어의 치수가 다르게 된다. 그러면 운전하기에 매우 불안정한 상태가 되므로 조심해서 운행해야 한다. 계속 운행한다고 해서 차에 무리가 가는 것은 아니지만, 특히 급제동 때 차체가 한쪽 방향으로 휙 돌아갈 수 있다.

펑크난 타이어는 다행히 펑크난 상태로 주행을 하지 않아서 옆이 씹히지 않았다면 수리할 수 있다. 다만 타이어 사이드 월(옆면)에 난 구멍은 수리가 안 된다. 카 센터에서 펑크난 타이어를 때우는 비용은 5천 원쯤이다.

대형 할인점의 자동차 용품 코너나 공구 코너에 가면 펑크난 타이어를 때우는 일명 '우동 고무줄' 용품을 팔기도 하므로 이것을 사용해도 된다. 끈적거리는 굵은 고무(우동 가락 정도의 굵기)를 펑크 구멍에 쑤셔 넣어서 구멍을 막는 것이다. 카 센터에서도 같은 재료와 방법을 쓰고 있다. 정석대로 펑크를 수리하자면 타이어를 휠에서 떼어 낸 뒤, 구멍을 고무 덩어리로 막고, 내부에 고무 조각을 접착해야 하는데, 나는 이런 방식으로 타이어를 수리하는 카 센터는 아직까지 한 군데도 본 적이 없다.

배터리 방전

증상 | 점퍼선 연결 | 밀어서 시동 걸기 | 방전된 배터리는?

배터리가 방전(discharge)되는 까닭은 미등을 켜 놓은 채 주차했다든지, 문을 덜 닫아서 실내등이 계속 켜져 있었다든지 하는 경우가 대부분이다. 비가 퍼붓는 날 차에서 집으로 급히 뛰어들어가다 보면 이런 실수를 저지르곤 한다. 밤중이라면 아파트 경비원이 순찰하다가 발견하고는 알려 주기도 하지만, 낮에는 잘 알아채지 못하는 경우가 많다. 그리고 일부 조잡한 원격 시동기나 도난 경보기는 대기 상태에서 의외로 전기를 많이 소비하기 때문에 사나흘쯤 주차시켜 놓으면 배터리가 방전돼 버리기도 한다. 이런 조잡한 기계는 제조사가 이미 부도난 물건을 덤핑으로 파는 경우가 많아서 AS나 환불도 되지 않는다.

증상

시동 키를 START 위치로 돌려도 엔진이 전혀 반응이 없거나 힘없이 갤갤거리며 회전한다. 엔진에서 "따르르르" 하고 빠르게 철판 두드리는 소리가 나기도 한다. 이때 시동 키를 ON에 놓고 헤드 램프를 켜 보거나 파워 윈도를 올려 보면 배터리가 거의 다 된 것은 아닌지 알 수 있다. 배터리가 방전되면 디지털 시계도 세팅이 지워져서 '1:00'을 가리키고, 라디오의 방송국 주파수 단축 메모리도 다 지워진다.

점퍼선 연결

1) 점퍼 케이블 구입

　배터리가 방전되어 시동이 걸리지 않으면 예전에는 밀어서 시동을 거는 것이 보통이었다. 현재도 수동 변속 차량의 경우에는 이 방법을 쓸 수 있다. 자동 변속 차량은 시동이 걸리지 않을 때는 변속기가 중립 상태로 돌아가도록 되어 있기 때문에 밀어서는 시동을 걸 수 없다.

배터리에 전력을 공급할 때 사용하는 점퍼선. 길이는 2m쯤이 적당하다.

　수동 변속 차도 사정이 허락하는 한 점퍼선으로 다른 차 배터리를 빌려서 시동을 거는 것이 안전하고 편리하다. 점퍼선은 다른 차의 배터리에 연결해서 전력을 끌어오는 전선이다. 최고 100A 정도가 흘러야 하므로 일반 가정용 전선보다 네 배 정도는 굵다. 가느다란 일반 전선으로 점퍼선을 대신하려고 해 봐야 전선의 저항이 너무 커서 충분한 전류가 흐르지 않으므로 시동이 걸리지 않는다. 게다가 일반 전선에 그렇게 많은 전류를 걸어 주면 몹시 뜨거워져서 전선 피복이 타 버리고 만다.

　점퍼선 길이는 2m쯤이 적당하다. 너무 길면 저항이 증가해서 좋지 않고, 너무 짧으면 양쪽 차의 배터리끼리 연결할 수 없는 경우가 생긴다. 점퍼선은 대형 할인점에서 4천 원쯤이면 좋은 제품을 살 수 있다. 보관할 때는 둥글게 말아서 트렁크의 스페어 타이어 휠 안쪽에 넣어 두면 편하다.

엔진 후드를 열 필요 없이 방전된 차와 전력을 공급하는 차의 시거 라이터 잭끼리 연결해서 점퍼선 역할을 대신하는 제품도 있는데, 간편하긴 하지만 막상 쓰기에 문제가 있다. 시거 라이터 잭이 처리할 수 있는 전류는 10A 밖에 되지 않아서 전선을 연결한 채 15분쯤 배터리를 충전시켜야만 시동을 걸 수 있다. 전력 공급 차가 배터리 점프에 응해 주는 것만 해도 고마운데, 남의 시간을 15분씩이나 빼앗을 수는 없는 일이다. 게다가 배터리 점프를 할 때 전력 공급 차는 대개 어정쩡한 위치에 세워 둬야 하기 때문에 길을 막기 십상이다. 이 땅의 살벌한 교통 환경을 감안할 때 15분 동안이나 그러고 있으면 '민원'이 발생할 것이 뻔하므로 좀처럼 엄두가 나지 않는다. 아무래도 신속하게 시동을 걸 만한 전력을 얻을 수 있는 굵은 정규 점퍼선이 낫다.

2) 연결

전력 공급 차와 방전된 차는 서로 배터리가 가깝게 연결되는 것이 바람직하다. 배터리 위치는 차종에 따라 운전석 쪽에 있기도 하고 조수석 쪽에 있기도 하므로 미리 생각하고 차를 댄다. 생각 없이 차를 대면 점퍼선이 짧아서 연결할 수가 없는 경우도 있다. 이 때 전력 공급 차는 시동을 걸어 둔 상태로 둔다. 방전된 차는 시동 키를 뽑아서 아무런 전력 소모가 없도록 한다.

점퍼선 연결은 다음 순서대로 한다.

1. 방전된 차 배터리 (+) 터미널.

2. 전력 공급 차 배터리 (+) 터미널.

3. 전력 공급 차 배터리 (−) 터미널.

4. 방전된 차 엔진의 운반용 철제 고리(이 때 작은 스파크가 일어나는 게 정상이다).

순서가 이렇게 복잡한 이유는 연결 도중 (+) 점퍼선 끝이 차체나 (−) 점퍼선에 닿았을 때 합선으로 큰 전류가 흐르는 데 따르는 위험을 최소화하기 위한 것이다. 마지막 단계에서 점퍼선을 배터리 (−) 터미널이 아니라 엔진 고리에 연결하는 이유는 최대한의 전력을 엔진 시동 모터에 공급하기 위한 목적도 있고, 배터리 가까이에서 스파크가 일어나면 배터리가 방전하면서 발생시키는 수소 가스에 점화되어 폭발이 일어날 수도 있기 때문이다.

점퍼선 (−)는 방전된 차의 엔진 고리에 연결한다. 이 고리는 공장에서 엔진을 차체에 넣을 때 크레인에 달아매기 위해 있는 것이다.

점퍼선이 연결되면 방전된 차의 시동을 건다. 한 번에 시원하게 걸릴 것이다. 시동이 걸리면 점퍼선 연결을 풀어도 된다. 점퍼선 연결을 풀 때는 연결할 때의 역순으로 한다. 방전되었던 차는 20분쯤 계속 시동을 걸어서 배터리를 충전시킨다. 주행하면 충전 상태가 더욱 좋아진다.

밀어서 시동 걸기

수동 변속 차는 밀어서 시동을 걸 수 있다. 혼자서도 가능하지만 둘이 하는 편이 안전하다. 차는 가급적 내리막을 향해 밀면 힘을 덜 들일 수 있다.

운전자는 운전석에 앉아 시동 키를 ON 위치로 놓는다. 주차 브레이크를 풀고, 변속 레버를 2단(1단이 아니다)에 놓은 뒤 클러치 페달을 밟는다. 조수는 열심히 차를 민다. 차가 사람이 빠르게 걷는 속도 정도로 굴러가면 운전자는 클러치 페달에서 급히 발을 뗀다. 그 순간 차가 쿨렁거리면서 엔진 시동이 걸릴 것이다.

이 때 주의할 점은 엔진 시동이 걸리지 않으면 브레이크 부스터와 파워 스티어링이 작동하지 않는다는 것이다. 브레이크 부스터가 작동하지 않으면 차를 멈추기가 거의 불가능하므로 내리막을 향해 차를 밀 때는 단단히 각오해야 한다.

방전된 배터리는?

요즘 사용되는 배터리 중에 최고 성능을 가진 것은 휴대 전화용 배터리다. 이것은 리튬 이온 배터리로서 급속 충전에도 잘 견디고 가벼우면서도 엄청난 용량을 자랑한다. 하지만 값이 비싸서 자동차용 배터리로 쓸 만큼 큰 용량으로 만들었다가는 수백만 원을 호가할 것이다. 그래서 자동차에는 아직도 10만 원 미만의 값싼(?) 납축전지를 많이 쓴다.

납축전지는 충전 가능한 전지 중에서 가장 싸다. 그만큼 성능상의 제약도 많다. 과충전하면 전해액이 증발되어 부족해지고, 과방전한 상태로 오래 방치하면 납 전극이 변질되어 용량이 줄어든다. 재충전해도 얼마 못 가서 전력이 바닥난다. 여기서 중요한 것이 두 번째 특성, 과방전 상태로 방치하는 경우다.

방전된 상태로 2주 이상 방치하면 방전된 전극들은 서서히 황산납 결정으로 변질된다. 설페이션(sulfation)이라고 하는 이 현상이 발생하면 다시 충전시켜도 해면 모양의 납으로 되돌아가지 않으므로 그 부분만큼 배터리는 못 쓰게 된다. 납축전지는 사용하지 않아도 서서히 전력이 소모되는 자기 방전 현상 또한 무척 심하다. 여러 모로 좋지 않은 축전지다. 그래서 충분하게 충전시켜 놓아도 한 달쯤 지나면 셀페이션이 시작된다. 배터리는 2주에 한 번 정도는 재충전해 주어야 한다. 카 센터 한쪽 구석에 3개월이고 6개월이고 처박혀 있던 배터리는 셀페이션이 상당히 진행된 상태라서 용량이 제대로 나오지 않는 불량품이 된다.

자동차에 장착된 배터리가 운전자의 실수로 하루나 이틀쯤 완전히 방전된 상태로 방치되었다고 해도 셀페이션은 극히 미미하다. 따라서 배터리가 한 번 방전되었다고 해서 반드시 바꿔야 한다는 말은 옳지 않다.

납축전지는 충·방전을 되풀이할수록 표면 전극이 조금씩 변질된다. 사용 중에도 되도록 방전량을 줄이는 것이 좋고, 3년쯤 사용하면 바꿔 주는 것이 좋다. 충전 면도기나 무선 전화기용 축전지로 애용되는 니켈카드뮴 (Ni-Cd) 배터리는 정반대의 특성이 있어서 한 번 쫙 방전시키고 100% 다시 충전하는 식으로 사용해야 용량 감퇴가 적다. 어느 한도 이상까지 사용하다 보면, 11월까지 멀쩡하던 배터리가 1월 어느 추운 날 갑자기 자기 방전으로 시동이 걸리지 않을 정도까지 전력이 없어지는 수가 있다.

어떤 배터리는 위쪽에 투명 확인창이 달려 있어서, 속의 구슬이 녹색이면 'OK', 백색이면 '충전 요망', 흑색이면 '전해액 부족' 하는 식으로 상태를 알려 준다. 그런데 이 확인창의 구슬은 OK 위치에 머물다가 아예 그 위치에서 붙어 버리는 경우가 종종 있다. 한번은 이런 일을 겪은 적이 있다. 배터리가 완전히 방전된 상태인데도 확인창에는 초록색 구슬이 번쩍번쩍하는 게 아닌가. 화가 나서 배터리를 한 대 "꽝" 쳤더니 붙어 있던 구슬이 풀리면서 백색으로 싹 변해서 어이가 없었다. 확인창에 나타나는 것은 믿지 않는 게 좋다.

엔진 과열

증상 | 처리법 | 사후 처리

엔진이 과열되는 까닭은 냉각 장치가 열을 다 처리하지 못했기 때문이다. 엔진은 열기관이고, 열효율은 20~25%에 불과하다. 나머지 80%의 열은 폐열로 나온다. 이 열을 원활히 빼내 주지 않으면 엔진에 열이 쌓여 온도가 올라간다. 온도가 너무 올라가면 엔진 본체가 녹거나 들러붙어 손상을 입기 때문에 냉각 장치의 역할은 중요하다.

엔진 과열은 냉각 장치가 정상일 때도 일어나지만 요즘 차들은 냉각 장치 용량이 커서 그런 일은 거의 없다. 주로 냉각수가 부족하거나 냉각 팬 작동 센서가 고장나는 등 특별한 원인이 있어야 과열이 발생한다. 흔히 고속으로 주행할 때 엔진이 과열된다고 생각하지만, 이 때는 엔진 룸으로 엄청난 바람이 쏟아져 들어오므로 냉각 팬이 작동하지 않아도 오히려 냉각 성능이 넉넉해진다. 정상적인 자동차에서 다른 이유 없이 순전히 '엔진이 너무 많은 폐열을 방출하기 때문에' 과열이 발생하는 것은 아주 급한 언덕길을 장시간 오를 때의 일이다. 정규 도로가 아닌데 차를 타고 산꼭대기까지 등반할 수 있는 코스처럼 출력을 많이 내지만 속력은 얼마 나지 않는 언덕길을 올라갈 때 이런 경우가 가끔 있다.

> 엔진 과열은 주로 냉각수가 부족하거나 냉각 팬 작동 센서가 고장나는 등 특별한 원인이 있어야 발생한다.

증상

과열되면 가장 먼저 계기판의 냉각수 온도계의 눈금이 올라간다. 정상 범위보다 올라가기 시작해서 적색 부분까지 도달하면 과열이다. 그 다음, 엔진 룸쪽에서 달짝지근한 냄새가 난다. 이는 냉각수가 끓어 밖으로 넘치면서 부동액에서 나는 냄새다. 나는 그 냄새를 '밤 과자 냄새'라고 하는데, 제과점의 팥 앙금이 들어간 밤 모양 과자에서 나는 냄새하고 같기 때문이다.

과열이 더 진전되면 엔진 출력이 떨어진다. 액셀러레이터를 줄기차게 밟아도 출력은 자꾸만 떨어진다. 이쯤 되어서도 문제를 깨닫지 못하고 계속 엔진을 혹사시키는 운전자는 과열로 엔진 실린더 헤드를 망가뜨리게 된다. 그러므로 출력이 떨어진다 싶으면 빨리 수온계를 보고 다음 단계인 '처리법'으로 넘어가야 한다.

처리법

차를 안전한 곳에 세우고 엔진 시동을 켠 채 엔진 후드를 연다. 엔진 후드를 여는 1차 레버는 운전자 왼

실내에서 엔진 후드를 1차로 여는 레버(왼쪽)와 조금 열린 엔진 후드.

쪽 무릎 부분 앞에 있다. 레버를 당기면 엔진 후드의 1차 걸쇠가 풀린다. 2차 걸쇠를 열 때에는 조금 들려진 엔진 후드 앞부분 중앙에 손가락을 넣어서 2차 걸쇠를 옆으로 밀거나 위로 들어올린다. 외제 차 중에는 엔진 후드를 여는 1차 레버가 조수석 앞 글러브 박스 속에 있는 차도 있다. 여행지에서 익숙지 않은 차를 렌트해 다니다 보면 긴

밑으로 손을 넣어 작동시키는 2차 레버 (아래 왼쪽, 아래 오른쪽).

급한 상황에서 엔진 후드를 열지 못해 쩔쩔 매는 경우도 있다.

이 때 엔진 후드 밑에 뜨거운 김이 가득 차 있을 수 있으므로, 엔진 후드를 덥석 잡았다가 화상을 입거나 하지 않으려면 손끝을 살짝 대어 확인한 다음에 연다.

엔진 후드를 열어서 엔진 냉각 팬이 맹렬히 돌면서 바람을 보내고 있는지 확인한다.

들어올린 엔진 후드는 엔진 룸 앞이나 오른쪽에 있는

엔진 후드 버팀 막대(왼쪽)와 고압 가스 실린더식 엔진 후드 버팀 장치(오른쪽).

버팀 막대를 빼서 후드 안쪽 고정 홈에 끼워 버텨 놓는다. 고급 차는 검정색 고압 가스 실린더를 사용해서 엔진 후드를 열기만 하면 스스로 들리도록 되어 있다.

엔진 룸 앞쪽 라디에이터에 밀착된 냉각 팬이 돌고 있으면 다음 단계로 넘어가지만, 돌지 않는다면 다른 방법을 강구해야 한다.

1) 냉각 팬이 돌고 있을 때

냉각 팬이 돌고 있는데 엔진 과열이 생기는 것은 냉각수 순환 펌프가 돌지 않거나 엔진을 혹사시켰기 때문이다. 냉각수 순환 펌프는 발전기와 같은 팬 벨트에 걸려 회전하므로, 이 벨트가 끊어졌다면 계기판에 충전 경고등이 들어온다. 충전 경고등이 들어와 있으면 되도록 빨리 시동을 끄고 보험 회사 정비 서비스 팀이나 전문가를 찾도록 한다. 팬 벨트를 교환해야 하기 때문이다.

엔진이 일단 과열되면 냉각수 보조 탱크 뚜껑이 수증기의 힘으로 열리면서 냉각수를 곳곳에 뿌려 놓는데, 이처럼 냉각수가 튀어나온다고 놀랄 것은 없다.

예전 차들 같으면 차는 큰데 엔진은 작아서 엔진 룸에

여유 공간이 넓었고, 운전자가 스스로 팬 벨트를 교환하는 것도 어렵지 않았다. 그러나 요즘은 엔진 룸 속으로 손을 넣는 것조차 쉽지가 않다. 여러 가지 공구를 갖추지 않으면 팬 벨트를 교환할 수도 없다. 팬 벨트가 끊어지면 스타킹을 묶어 대용할 수 있다고 하지만, 엔진 룸이 좁아서 손이 들어갈 틈이 없기 때문에 직접 작업하는 것은 거의 불가능할 뿐 아니라 실제로 해 보면 시동을 걸자마자 회전을 못 이기고 끊어져 버린다.

계기판의 충전 경고등이 들어와 있지 않아 팬 벨트가 정상인 것이 확인되면 시동을 건 채로 엔진 냉각 기능을 유지시킨 채 공회전시킨다. 그러면 곧 냉각수 온도가 내려가고 정상이 된다.

엔진이 정상 온도까지 냉각된 뒤에 엔진 시동을 끈다. 장갑을 끼거나 손수건을 감아쥔 손으로 라디에이터 위에 달린 라디에이터 캡을 '누르면서 90도 정도만' 돌린다. 엔진이 아직 과열되어 있으면 손을 놓았을 때 라디에이터 캡 가장자리로 "쉬" 하며 뜨거운 김이 분출된다. 김이 나오지 않으면 안심하고 캡을 누르면서 완전히 돌려 연다.

내부에 초록색 또는 파란색 냉각수가 차 있는 것이 보이면 좋지만, 그렇지 않으면 흘러넘칠 때까지 맹물을 보충해 준다. 과열되는 과정에서 외부로 빠져 나간 냉각수를 보충해 주는 것이다. 그 다음, 냉각수 보조 탱크에 저장된 예비 냉각수가 최소선 아래로 떨어져 있으면 그쪽에도 물을 보충해서 최소와 최대선 중간까지 맞춰 준다.

물이 보충됐으면 라디에이터 캡을 끝까지 닫고, 냉각수 보조 탱크 마개도 닫으면 일은 끝난다. 이제는 시동을 걸고 다시 출발할 수 있는 상태가 되었다.

2) 냉각 팬이 돌지 않을 때

엔진 후드를 열어 봤는데 냉각 팬이 돌지 않고 있다면 비상 수단을 써야 한다.

팬 벨트가 정상일 때는 시동을 건 채로 엔진 냉각 기능을 유지시킨 채 공회전시키면, 냉각수 온도가 내려가고 정상이 된다. 그러면 엔진 시동을 끄고, 라디에이터에 맹물을 보충해 준다. 보조 탱크에 저장된 예비 냉각수가 최소선 아래로 떨어져 있으면 물을 최소와 최대선 중간까지 보충해 준다.

에어컨을 작동시켜서 에어컨용 냉각 팬(엔진용 냉각 팬과 앞뒤 또는 옆으로 나란히 달려 있다)으로 엔진도 함께 식혀 준다. 에어컨용 냉각 팬은 용량이 충분하므로 과열을 진정시키고 계속 주행할 수 있다. 시동이 걸린 상태에서 에어컨을 작동시켜서(약하게 틀어도 된다) 엔진 룸에 냉각 바람이 불면 OK다. 그 상태로 좀 쉬면서 엔진을 식힌 뒤 에어컨을 작동시킨 채 차를 운행해도 된다.

조치가 모두 끝나고 엔진 후드를 닫을 때는 버팀 막대를 빼서 제자리에 끼워 넣은 뒤에 엔진 후드를 30cm 높이까지 내린 다음 손을 놓아 엔진 후드가 자체 무게로 떨어지며 걸쇠에 걸리도록 한다. 덜 걸렸으면 엔진 후드 밑으로 손을 넣어 2차 걸쇠를 풀고 다시 들어올린 뒤 조금 더 높은 곳에서 손을 놓아 본다. 어떤 사람들은 엔진 후드를 닫을 때 끝까지 내려놓은 뒤 손바닥으로 엔진 후드를 꽉 눌러 걸쇠에 걸리게 하는데, 그렇게 하면 엔진 후드가 손바닥에 눌려 움푹하게 찌그러질 수 있다. 특히 레조는 잘 찌그러지므로 주의해야 한다.

사후 처리

엔진이 과열되면 냉각수가 끓어넘치면서 엔진 룸 곳곳에 튀는데, 냉각수의 부동액 성분은 차량 페인트를 무르게 변질시키는 특성이 있다. 그러므로 엔진 룸에 냉각수가 튀면 되도록 빨리 닦아 내야 한다.

냉각수는 집 마당 같은 곳에서 고무 호스나 양동이로 물을 뿌려 닦으면 된다. 이 때는 엔진을 식힌 다음에 하는 것이 좋다. 배전기가 있는 엔진은 배전기와 배전기에 꽂힌 고압 케이블을 통째로 비닐 봉지로 감싸고, 고무줄로 입구를 묶어 준다. 배전기에 물이 들어가면 절연 상태가 불량해져서 물이 다 마르기 전까지는 시동이 걸리지 않기 때문이다.

엔진 룸의 다른 장치들은 웬만한 물에는 견딘다. 그냥 물을 뿌려서 곳곳에 튄 냉각수를 헹궈 내면 된다. 물이 다 마르지 않아도 시동이 걸린다.

퓨즈 끊어짐

퓨즈 박스 찾기 | 예비 퓨즈로 교환

갑자기 미등이 다 들어오지 않거나 헤드 램프가 나가는 등 전기 계통이 작동을 멈추면 일단 전기 퓨즈부터 살펴본다. 퓨즈는 합선으로 인해 위험할 정도로 큰 전류가 흐르려고 하면 먼저 발열해서 녹아 끊어지는 부품이다. 퓨즈가 없으면 전기 계통에 과전류가 흘러 각종 장치가 파손되고 전선 과열로 피복에 불이 붙어서 자동차에 회복할 수 없는 손상을 입힐뿐더러 승객에게 큰 위험을 안기게 된다.

자동차용 퓨즈로는 겉이 플라스틱으로 된 전용 블레이드 퓨즈(blade fuse)를 사용하는데, 용량에 따라 색깔이 다르다. 블레이드 퓨즈는 그 설치 공간이 좁아 손으로 빼내기가 어렵기 때문에 흔히 퓨즈 박스 뚜껑 안쪽에 퓨즈 뽑이용 집게가 달려 있다.

퓨즈 박스 찾기

퓨즈는 한 곳에 몰아서 설치된다. 퓨즈가 여러 개 설치되어 있는 퓨즈 박스는 흔히 엔진 룸에 한 개, 운전석에 한 개씩 있다. 엔진 룸의 퓨즈 박스는 헤드 램프, 엔진 제어 컴퓨터 등 중요하고 규모가 큰 장치를 담당하고, 운전석의 퓨즈 박스는 라디오, 경적 등 소소한 장치를 주로 담당한다.

퓨즈 박스의 위치는 찾기 쉽다. 요즘 차들은 정비성도 향상되어서 엔진 룸의 위쪽 배터리 바로 옆처럼 잘 보이는 곳에 퓨즈 박스가 설치된다. 운전석의 퓨즈 박스는 왼발 놓는 곳 왼쪽에 있거나 왼발 무릎 위치 위쪽에 있다.

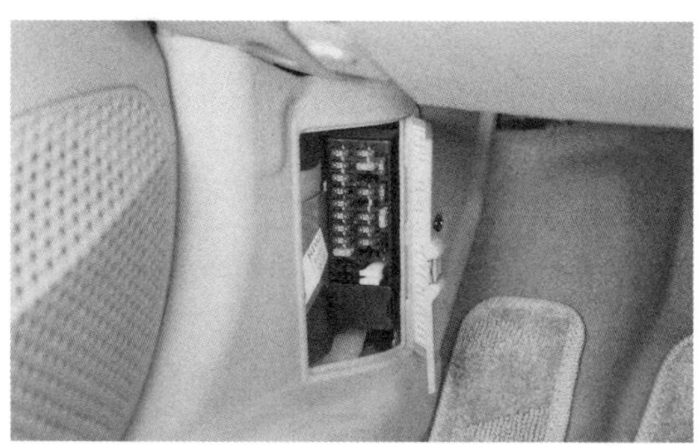

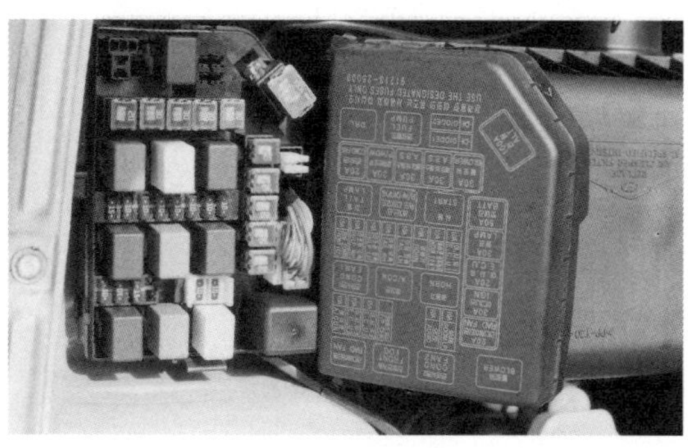

실내 퓨즈 박스(위)에는 주로 편의 장치의 퓨즈가, 엔진 룸 퓨즈 박스(아래)에는 기능 장치와 관련있는 퓨즈가 배치된다.

예비 퓨즈로 교환하기

　블레이드 퓨즈는 색깔이 있는 반투명 플라스틱으로 싸여 있어서 내부의 도체導體가 연결되어 있는지 끊어졌는지 확인할 수 있다. 말발굽 모양으로 굽어진 퓨즈 도체가 끊어져 있으면 예비 퓨즈로 교환해야 한다. 예비 퓨즈는 퓨즈 박스 뚜껑 안쪽에 끼워져 있으므로 퓨즈 박스에 씌어진 해당 용량에 맞는 퓨즈를 찾아 바꾸면 된다. 각 퓨즈의 위쪽에는 용량이 숫자로 찍혀 있다.

　예비 퓨즈로 교환해도 전기 장치가 작동하지 않는다면 방금 꽂은 퓨즈를 뽑아서 살펴본다. 또 끊어져 있으면 전기 장치 쪽에서 합선이 발생한 것이다. 합선을 수리하지 않으면 새 퓨즈를 꽂아도 계속 끊어진다. 무리하게 대

용량 퓨즈를 끼우면 당장은 될지 몰라도 전기 계통의 가느다란 전선에 과다한 전류가 흘러서 더 큰 손상을 입을 수가 있다.

불행히도 적정 용량의 예비 퓨즈가 준비되어 있지 않으면 당장 사용하지 않는 계통의 퓨즈를 뽑아 옮겨 끼울 수도 있다. 낮에는 헤드 램프용을 쓰고, 비가 오지 않을 때는 와이퍼용을 쓰면 된다. 선 루프용 퓨즈는 사용 빈도가 가장 적으므로 짧은 기간이라면 아무 때나 뽑아서 다른 곳에 쓸 수 있다.

퓨즈를 사용한 뒤에는 빠른 시일 안에 부품 가게에 들러 같은 용량의 퓨즈를 구입해서 예비 퓨즈 자리에 보충해 줘야 한다. 큰 할인점에 가면 각 용량을 모아 놓은 '퓨즈 종합 세트'가 있는데, 이 세트 제품을 사 두는 것도 편리하다.

예비 퓨즈가 준비되어 있지 않으면 당장 쓰지 않는 계통의 퓨즈를 뽑아 옮겨 끼울 수도 있다. 사용 빈도가 가장 적은 선 루프용 퓨즈는 짧은 기간이라면 아무 때나 뽑아서 다른 곳에 쓸 수 있다.

시동과 변속기 문제

시동 키가 돌아가지 않음 | 자동 변속기 레버가 P에서 움직이지 않음
주행 중 시동 꺼짐

시동 키가 돌아가지 않음

차에 올라 시동 키를 꽂고 돌렸는데 무엇에 끼인 듯 시동 키가 꼼짝도 하지 않으면 갑자기 당황하게 된다. 이 현상은 특정 조건에서만 발생한다.

시동 키가 돌아가지 않는 것은 도난 방지 열쇠 장치 때문이다. 이 장치는 시동 키가 돌아가지 않도록 해서 도난을 방지하는 것이 아니라, 시동 키를 돌리지 않으면 스티어링 휠이 돌아가지 않도록 해서 도난을 방지한다. 그래서 시동 키의 맨 마지막 위치에는 'LOCK' 이라고 씌어 있다. 그 곳은 스티어링 휠의 회전을 잠그는 위치라는 뜻이다.

시동 키의 맨 마지막은 'LOCK' 으로서 여기에 스티어링 휠의 회전을 잠그는 도난 방지 기능이 있다.

시동 키가 LOCK 위치에 있으면 스티어링 휠이 돌지 않는다. 파워 스티어링이 꺼져 있으므로 그냥 돌리기도 어렵겠지만, 힘을 줘서 돌리면 조금 돌다가 딱 걸린다.

열쇠 장치가 회전을 막고 있기 때문이다.

시동이 꺼진 상태에서 스티어링 휠을 돌리다가 잠금 장치에 걸리면, 스티어링 휠은 원위치로 돌아가려는 힘을 발휘하고 있는데 잠금 장치가 막는 상황이 된다. 이 때 시동 키를 돌려 잠금 장치를 후퇴시키려고 해도 스티어링 휠 내부 장치가 잠금 장치에 꽉 걸려 있어서 잠금 장치가 후퇴하는 것을 방해한다. 즉, 시동 키가 돌지 않게 되는 것이다.

스티어링 휠을 돌려 잠금 장치에 걸리지 않도록 힘을 빼 주면 잠금 장치는 부드럽게 후퇴시킬 수 있고, 시동 키도 잘 돌아간다. 주의할 점은 시동이 걸리지 않은 상태에서 스티어링 휠을 돌려야 하므로 힘이 꽤 필요하다는 것이다.

시동 키가 돌지 않을 때는 스티어링 휠을 큰 힘으로 좌우로 움직여 본다. 한쪽으로는 전혀 안 돌아가고(잠금 장치가 막고 있음), 다른 쪽으로는 몇 도 정도 돌아갈 것이다. 약간 돌아가는 쪽으로 스티어링 휠을 돌려서 잠금 장치를 자유롭게 해 준 상태에서 시동 키를 돌리면 잘 돌아간다.

자동 변속기 레버가 P에서 움직이지 않음

염가형 차에서는 이런 일이 없다. 시프트록(shift-lock)장치를 갖춘 중급 차 이상에서만 발생한다. 해결법은 아주 간단해서 브레이크 페달을 밟은 상태에서 자동 변속기 선택 레버를 움직이면(물론 이 때도 레버에 붙은 버튼을 눌러 준다) 된다.

시프트록 장치는 운전자가 브레이크를 밟지 않은 상태에서 실수로 액셀러레이터 페달을 밟고서 변속기 선택 레버를 R나 D로 옮겨 차가 급발진하게 되는 것을 방지하는 안전 장치다. 이러한 원리를 몰라 고장으로 착각할 경우에 대비해 어떤 차에는 선택 레버 옆에 "브레이크를 밟아야 P 이외의 위치로 옮길 수 있습니다"라고 알리는 스티커가 붙어 있기도 하다.

주행 중 시동 꺼짐

주행 중 시동이 꺼졌을 때 이를 되살리는 방법을 모조리 알기란 매우 어렵다. 이 자리에서는 시동 되살리는 방법들을 늘어놓기보다, 주행 중 시동이 꺼지면 당장 어떻게 대처하는 것이 좋은지를 알아보기로 한다.

엔진 시동이 꺼지면 파워 스티어링과 브레이크 부스터가 작동하지 않는다. 파워 스티어링은 곧바로 작동을 멈추고, 브레이크 부스터에는 세 번 정도 사용할 만큼의 진공만 남는다. 파워 스티어링이 작동하지 않으면 스티어링 조작이 무겁게 된다. 파워 스티어링에 익숙해져 있던 운전자라면 이런 상황 앞에서 당황하게 마련이지만 두 팔에 힘을 주고 열심히 돌리면 된다.

문제는 브레이크다. 세 번 정도 페달을 밟을 분량의 진공밖에 없으므로 브레이크를 조금씩 찔끔찔끔 밟으면 차가 마저 멈추기도 전에 진공이 바닥난다. 진공이 다 떨어지면 브레이크 부스터가 발휘하던 힘만큼 운전자가 발로 힘을 써야 한다. 이 때는 마치 누가 브레이크 페달 밑에 각목을 받쳐 놓은 것처럼 브레이크 페달이 전혀 눌려 들어가지 않게 되고 차의 속력도 거의 줄지 않는다. 브레이크 부스터가 작동하지 않는 상태에서 차를 멈추기는 정말 힘들다. 두 발을 모아서 페달을 힘껏 밟아도 정상적인 제동력에는 훨씬 미치지 못한다.

따라서 진공이 다 소모되기 전에 차를 멈춰야 한다. 요령은 브레이크를 한 번 살짝 밟고, 그 밟은 상태를 유지하는 것이다. 자꾸 발을 뗐다 다시 밟았다 하면 그 때마다 진공이 소모된다.

주행 중에 엔진 시동이 꺼지면 파워 스티어링과 브레이크 부스터가 작동하지 않는다. 파워 스티어링은 곧바로 작동을 멈추고, 브레이크 부스터에는 세 번 정도 사용할 만큼의 진공만 남는다. 이럴 때는 진공이 다 소모되기 전에 차를 멈추어야 한다.

비상시에 주차 브레이크를 사용해서 차를 멈추려고 시도하는 것은 매우 위험한 일이다. 주차 브레이크는 뒷바퀴에만 듣기 때문에 주행 중에 사용하면 심한 앞뒤 제동력 불균형을 유발하게 된다. 즉, 뒷바퀴만 회전을 멈추는 록(lock) 현상이 발생해서 마치 빙판 위에서 차돌을 던지는 것과 같이 도로가 조금만 기울어 있어도 그쪽으로 뒷바퀴가 미끄러진다. 주차 브레이크는 차가 완전히 멈추어 섰을 때 차를 고정시키는 용도로만 써야 한다.